21 世纪电子商务技能培训
实战规划教材

U0180753

# Photoshop
# 网店图片处理
## 实 训 教 程

胡龙玉　　杨佳佳◎主　编
傅婷婷　　卓晓越◎副主编

北京大学出版社
PEKING UNIVERSITY PRESS

# 内 容 提 要

本书是电子商务美工设计方面的实训教程，以 Photoshop 软件的图像处理技能知识为写作基础，以行业实战应用为学习目标，全面讲解了电子商务美工必须掌握的软件操作技巧与业务应用实战技巧。

本书一共涉及 7 个项目，分别为认识 Photoshop 图像处理软件、了解 Photoshop 图层的基本操作方法、制作店铺背景图、制作网店图标和店招、制作店铺优惠券、制作商品主图与详情页图片，以及制作网店海报图片。以帮助读者迅速掌握 Photoshop 在电子商务美工设计中的应用为目标，每个项目均细致地介绍了 Photoshop 的操作步骤和实用技巧，由浅入深，层层递进。此外，7 个项目均配有多个课堂实训任务，按照任务描述、任务目标、任务实施来推进知识点学习，以提高读者操作的熟练程度。任务讲解过程中，问题具体，目标明确，条理清晰，适合初学者从入门到精通。

本书由具有多年电子商务美工设计经验的一线知名教师主编，具有很强的针对性和实用性，结构严谨、叙述清晰、内容丰富、通俗易懂。本书是专为高等职业院校和大学本科院校电子商务专业美工设计课程打造的基础学习与行业实训精品教材，组稿过程中便得到众多院校教师的一致好评。此外，本书还可以作为平面设计、网页设计等相关专业的实战教材，以及电商美工设计培训班的学习手册。

**图书在版编目（CIP）数据**

Photoshop 网店图片处理实训教程 / 胡龙玉，杨佳佳 主编 . —— 北京：北京大学出版社，2023.7
ISBN 978-7-301-34098-1

Ⅰ . ① P… Ⅱ .①胡… ②杨… Ⅲ .①图像处理软件 – 教材 Ⅳ . ① TP391.413

中国国家版本馆 CIP 数据核字 (2023) 第 102527 号

| | |
|---|---|
| 书　　　　名 | **Photoshop 网店图片处理实训教程** |
| | Photoshop WANGDIAN TUPIAN CHULI SHIXUN JIAOCHENG |
| 著作责任者 | 胡龙玉　杨佳佳　主编 |
| | 傅婷婷　卓晓越　副主编 |
| 责 任 编 辑 | 滕柏文 |
| 标 准 书 号 | ISBN 978-7-301-34098-1 |
| 出 版 发 行 | 北京大学出版社 |
| 地　　　　址 | 北京市海淀区成府路 205 号　100871 |
| 网　　　　址 | http://www.pup.cn　　新浪微博：@ 北京大学出版社 |
| 电 子 信 箱 | pup7@ pup.cn |
| 电　　　　话 | 邮购部 010-62752015　发行部 010-62750672　编辑部 010-62570390 |
| 印 刷 者 | 北京鑫海金澳胶印有限公司 |
| 经 销 者 | 新华书店 |
| | 787 毫米 ×1092 毫米　16 开本　17.25 印张　400 千字 |
| | 2023 年 7 月第 1 版　2023 年 7 月第 1 次印刷 |
| 印　　　　数 | 1-3000 册 |
| 定　　　　价 | 69.00 元 |

本书基于 Photoshop 2022 写作。

如果您是 Photoshop 2022 的初学者，本书会成为您操作入门的良师；如果您是接触过 Photoshop 过往多个版本的中级用户，本书会帮您进一步掌握操作技巧。如果您想从事网店设计、电商美工等工作，本书会对您有极大的帮助；如果您是教师、培训师，本书一定会成为让您满意的教材。

Photoshop 是一款图像处理软件，用于制作精美的设计作品，该软件是 Adobe 公司旗下最为出名的软件之一，也是同类软件中使用范围最广、性能最优秀的软件之一。

本书使用【项目导入】+【教学目标】+【课前导学】+【课堂实训】+【项目评价】+【课后拓展】+【思政园地】+【巩固练习】的结构组织学习。结合电子商务美工的实际应用，本书共分 7 个项目，内容包括认识 Photoshop 图像处理软件、了解 Photoshop 图层的基本操作方法、制作店铺背景图、制作网店图标和店招、制作店铺优惠券、制作商品主图与详情页图片、制作网店海报图片，涵盖了对 Photoshop 的基本介绍，以及使用 Photoshop 设计电子商务图片的操作步骤、技巧和设计经验。

书中的 7 个项目均配有若干课堂实训任务，典型实用，内容全面，循序渐进，可以帮助读者在较短的时间内熟练地掌握 Photoshop 的操作步骤和技巧，体会电子商务美工设计的工作乐趣。在课堂实训中，除了对每个任务案例进行按步骤教学之外，还设置了**任务描述、任务目标、任务实施**等内容，以期达到引导读者拓宽知识面、总结和强化所学知识的目的。

在编排上，本书充分体现以实际操作技能为本位的成书思想，书中所有基础知识都与实例相结合，每个知识点都融入操作案例中，操作步骤讲解详细、可操作性强，读者只要按步骤操作，就能实现案例所要求实现的效果。

本书由具有多年电子商务美工设计经验的一线知名教师编著（主编：胡龙玉、杨佳佳；副主编：傅婷婷、卓晓越；参编：刘春花、郭力波、张秋爽），针对性和实用性较强，是专为高等职业院校和大学本科院校电子商务、美工设计等专业打造的基础学习与行业实训精品教材。此外，本书还可以作为平面设计、网页设计等相关专业的实战教材，以及电商美工设计培训班的学习手册。为了方便教学，本书不仅提供配套的**教学大纲**，还随书配赠**电子教案**和**题库**，组稿过程中就得到众多院校教师的一致好评。

上述资源，请用手机微信扫描下方二维码，关注公众号，输入本书77 页的资源下载码，获取下载地址及密码。

博雅读书社

阅读本书，您能够在轻松愉快的学习状态中尽快掌握 Photoshop 的操作技巧，因为项目化任务驱动式教学是本书的最大特点。在书中教程的引导下完成一个个任务时，相信您会产生"使用 Photoshop 办公和学习，竟是如此简单的事"的感慨！如果您读过本书后，认为它真的像编者所说的一样通俗易懂，就请您向您的朋友们推荐本书吧！

再一次感谢您选择了本书。

编　者

# 目 录
## CONTENTS

项目

二

# 制作店铺背景图 ...................................72

项 目

# 四

## 制作网店图标和店招 ......................**104**

项 目

# 五

## 制作店铺优惠券 ..............................**153**

项目
# 六

# 制作商品主图与详情页图片 ..............186

项目
# 七

# 制作网店海报图片 ...............................215

项目一

# 认识 Photoshop 图像处理软件

 **项目导入**

当看到聊天界面中新奇、有趣的表情包时，当在购物网站被亮眼、吸睛的产品宣传图打动时，当在公交站台饶有兴趣地观赏设计精美的站台海报时，你会意识到这些有创意的图片是用同一个软件制作出来的吗？这个软件叫作 Photoshop。

Photoshop 主要用于处理以像素为构成元素的数字图像，使用其中众多的编修与绘图工具，可以有效地进行图片编辑和创作。Photoshop 的功能很强大，在图像处理、图片特效合成、图形绘制、文字设计、动画制作、平面设计、网页设计等方面，都有广泛应用。使用 Photoshop 制作的电商海报作品如图 1-1 所示。

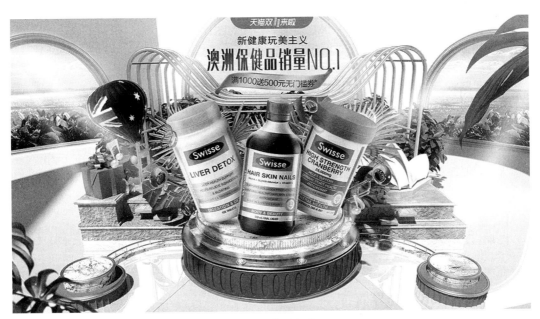

图 1-1　电商海报作品

随着电子商务与互联网经济的蓬勃发展，买家对电商视觉呈现效果与图片质量的要求越来越高，网店出售的不仅是商品，更是伴随商品的服务。购物过程中，影响买家是否购买商品的主要因素包括图片质量的优劣，因此，制作与展示精美的图片显得尤为重要，而电子商务中的图片设计与处理离不开对 Photoshop 的应用。

本项目将重点介绍 Photoshop 的功能、Photoshop 软件界面的构成，以及电商相关工作要求中 Photoshop 方面的知识。

 **教学目标**

### 知识目标

①学生能够说出 Photoshop 软件界面的构成及布局。

②学生能够举例说明图片导入的几种方法。

③学生能够举例说明文件的新建和保存方法。

④学生能够区别 Photoshop 中常用工具的使用方法。

### 能力目标

①学生能够使用 Photoshop 打开详情页 PSD 文件。

②学生能够使用 Photoshop 检查和修改 PSD 文件中的错误。

③学生能够使用 Photoshop 将作品保存为多种格式的图片。

④学生能够使用 Photoshop 导出详情页文件切片。

### 素质目标

①学生具备独立思考的能力。

②学生能够使用正确的方法和技巧掌握新知识、新技能。

③学生能够树立创新意识、培养创新精神。

 **课前导学**

#### 一　认识 Photoshop 工作界面

启动 Photoshop 软件，执行"文件"|"打开"命令，或按 Ctrl+O 快捷键，打开一张图片，即可看到 Photoshop 工作界面。Photoshop 工作界面由菜单栏、选项栏、工具箱、标题栏、功能面板、

视图区 / 工作区、状态栏等部分组成，如图 1-2 所示。

图 1-2　Photoshop 工作界面

### 1. 菜单栏

Photoshop 菜单栏位于工作界面顶端，使用 Photoshop 进行的所有图片编辑操作都可以通过菜单栏完成。Photoshop 菜单栏中包含"文件""编辑""图像""图层""文字""选择""滤镜""3D""视图""增效工具""窗口""帮助"等 12 个主菜单，如图 1-3 所示。

图 1-3　菜单栏

每个主菜单里都包含相应的子菜单，需要执行某个命令时，单击目标主菜单名称，在下拉菜单中选择目标命令即可。在实际操作过程中，Photoshop 高手很少使用菜单栏，更多的是使用快捷键提高工作效率，但对于 Photoshop 初学者来说，熟悉 Photoshop 菜单栏中的各项命令与功能是非常重要的。下面详细介绍 Photoshop 各主菜单中的命令与功能。

（1）"文件"菜单

包含新建、打开、关闭、存储、导入、打印、退出等一系列针对文件进行操作的命令，如图 1-4 所示。

（2）"编辑"菜单

包含对图像进行编辑的命令，比如还原、剪切、拷贝、粘贴、填充、描边、变换、定义图案、预设等，如图 1-5 所示。

3

（3）"图像"菜单

包含对整个画布的色调、大小等进行设置的命令，如图 1-6 所示。

图 1-4　"文件"菜单

图 1-5　"编辑"菜单

图 1-6　"图像"菜单

（4）"图层"菜单

包含对图层进行设置的新建、复制图层、图层蒙版、视频图层、隐藏图层等命令，如图 1-7 所示。

（5）"文字"菜单

包含针对文字进行编辑的命令，可以让文字更具艺术效果，如图 1-8 所示。

（6）"选择"菜单

包含主要针对选区进行操作的命令，可以对选区进行反选、修改、扩大选取、载入选区等操作，结合选取工具使用，效率更高，如图 1-9 所示。

（7）"滤镜"菜单

包含为图像设置模糊、扭曲、锐化、杂色等特效的命令，如图 1-10 所示。

（8）"3D"菜单

包含许多制作立体效果的命令，让图像看起来多维化，如图 1-11 所示。

（9）"视图"菜单

包含对整个视图进行调整及设置的命令，如图案预览、屏幕模式、显示、标尺等，如图 1-12 所示。

图 1-7　"图层"菜单

图 1-8　"文字"菜单

图 1-9　"选择"菜单

图 1-10　"滤镜"菜单

图 1-11　"3D"菜单

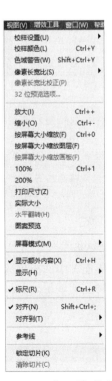

图 1-12　"视图"菜单

（10）"窗口"菜单

包含对程序中的面板进行显示与隐藏操作的命令，如图 1-13 所示。

（11）"帮助"菜单

包含引导用户到官网完成注册、协助用户解决问题的命令，如图 1-14 所示。

图 1-13 "窗口"菜单　　　　图 1-14 "帮助"菜单

> 提示　如果菜单中的命令呈灰色，则表示该命令在当前编辑状态下不可用；如果菜单中的命令右侧有三角形符号，则表示此菜单包含子菜单，将鼠标指针移动至该菜单上，即可打开其子菜单；如果菜单中的命令右侧有省略号，则表示执行此菜单命令时，会弹出与之相关的对话框。

### 2. 选项栏

Photoshop 选项栏位于菜单栏下面，用于设置当前所选工具的参数。在工具箱（在第 3 点中介绍工具箱界面）中选择目标工具后，选项栏中会显示相应的工具参数选项。在选项栏中，可以对当前所选工具的参数进行设置。选项栏中显示的内容随选取工具的不同而不同，移动工具的选项栏如图 1-15 所示。

图 1-15 移动工具的选项栏

> **提示** 如果发现选项栏不见了，可以通过"窗口"菜单中的"选项"命令，调出 Photoshop 选项栏。

### 3. 工具箱

Photoshop 工具箱通常位于 Photoshop 工作界面左侧，包含进行图形图像处理时的常用工具，比如编辑工具、绘图工具、修图工具、切片工具、颜色工具等，如图 1-16 所示。

将鼠标指针移动至工具箱中的某个工具上，会显示该工具的名称，单击工具图标，即可选择该工具。如果 Photoshop 工作界面中没有显示工具箱，可以通过"窗口"菜单中的"工具"命令，调出 Photoshop 工具箱。

> **提示** Photoshop 工具箱的位置是可以手动移动的，将鼠标指针移动至工具箱的最顶端，按住鼠标左键不放并拖曳，即可将工具箱移动至 Photoshop 工作界面中的任意位置。如果想隐藏工具箱，单击工具箱顶端的隐藏符号 ≪ 即可。

图 1-16　Photoshop 工具箱

### 4. 标题栏

Photoshop 标题栏位于选项栏下面、工具栏右侧，用于展示所打开图片文件的文件名，如图 1-17 所示。

双12活动海报.psd @ 40%(RGB/8) ×

图 1-17　Photoshop 标题栏

同时打开多个文件时，文件名标签会按打开顺序从左至右顺次排列，单击选择文件名标签并按住鼠标左键拖曳文件名标签，可以改变文件排列顺序。

### 5. 功能面板

Photoshop 功能面板具有调节画面效果、呈现画面具体参数的功能。单击标题栏空白位置，可以调出功能面板以单独显示，如图 1-18 所示。单击功能面板右上角的"折叠为图标"按钮 ≪ 或"展开面板"按钮 ≫ ，可以控制功能面板是否展开。

Photoshop 功能面板汇集了图像操作过程中常用的选项及功能。在编辑图像时，选择工具箱中的工具或者执行菜单栏中的命令以后，使用功能面板，可以进行细致地调整。

图 1-18　Photoshop 功能面板

7

Photoshop 内置 19 种功能面板，具体功能介绍如下。

（1）"图层"面板

该面板提供创建图层和删除图层的功能，并且可以用于设置图像的不透明度、添加图层蒙版等，如图 1-19 所示。

（2）"颜色"面板

该面板用于设置图像的背景色和前景色。设置颜色时，可以通过拖曳滑块设置，也可以通过输入颜色值设置，如图 1-20 所示。

图 1-19  "图层"面板              图 1-20  "颜色"面板

（3）"历史记录"面板

该面板用于记录操作过程，如图 1-21 所示。单击某操作，可以快速返回目标进度。

（4）"工具预设"面板

该面板用于放置经常使用的工具，如图 1-22 所示。为相同的工具保存不同的设置，可提高操作效率。

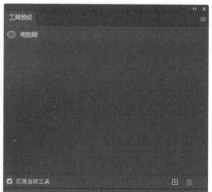

图 1-21  "历史记录"面板          图 1-22  "工具预设"面板

（5）"色板"面板

该面板用于保存经常使用的颜色，在面板中单击目标色块，即可将相应的颜色指定为前景色，如图 1-23 所示。

（6）"通道"面板

该面板用于管理颜色信息或者利用通道指定的选区，如图 1-24 所示。

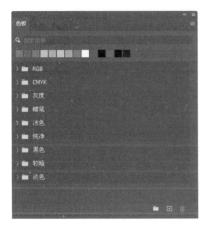 

图 1-23 "色板"面板          图 1-24 "通道"面板

（7）"3D"面板

该面板用于为图像制作立体效果。选择 3D 图层后，"3D"面板中会显示与之关联的 3D 文件组件，如图 1-25 所示。

（8）"动作"面板

使用该面板，可以一次性完成多个操作。记录操作顺序后，可以在其他图像上一次性快捷应用整个操作过程，如图 1-26 所示。

图 1-25 "3D"面板          图 1-26 "动作"面板

（9）"**段落**"**面板**

该面板用于设置与文本段落相关的选项，如对齐方式、缩进、标点挤压等，如图 1-27 所示。

（10）"**字符**"**面板**

该面板用于设置文字大小、间距、颜色等，如图 1-28 所示。

图 1-27 　"段落"面板　　　　　　图 1-28 　"字符"面板

（11）"**直方图**"**面板**

在该面板中，可以看到图像中所有色调的分布情况，如图 1-29 所示。

（12）"**字符样式**"**面板**

该面板用于对文字进行样式方面的设置，如图 1-30 所示。

图 1-29 　"直方图"面板　　　　　　图 1-30 　"字符样式"面板

（13）"**调整**"**面板**

该面板用于对图像进行全局性调整，如图 1-31 所示。

（14）"**仿制源**"**面板**

该面板用于设置仿制图章工具及修复画笔工具的相关选项，如图 1-32 所示。

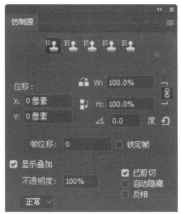

图 1-31　"调整"面板　　　　图 1-32　"仿制源"面板

（15）"**路径**"**面板**

使用该面板，可以将选区转换为路径，或者将路径转换为选区，如图 1-33 所示。

（16）"**样式**"**面板**

该面板用于制作立体图标，如图 1-34 所示。

图 1-33　"路径"面板　　　　图 1-34　"样式"面板

（17）"**导航器**"**面板**

该面板用于通过放大或缩小图像来查找目标区域，如图 1-35 所示。

（18）"**测量记录**"**面板**

使用该面板，可以为记录中的列重新排序、删除行或列，或者将记录中的数据导出到文件中，如图 1-36 所示。

（19）"**信息**"**面板**

该面板用于以数值形式显示图像信息，如图 1-37 所示。

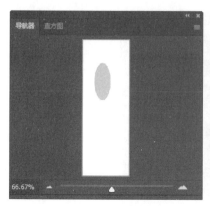

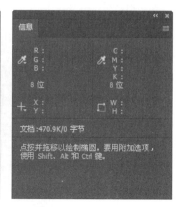

图 1-35    "导航器"面板          图 1-36    "测量记录"面板          图 1-37    "信息"面板

### 6. 视图区 / 工作区

视图区 / 工作区即图像编辑窗口，是在 Photoshop 中设计、制作作品的主要区域，如图 1-38 所示。在 Photoshop 中，针对图像执行的所有编辑和命令都会在图像编辑窗口中显示，根据图像在该窗口中的显示效果，可以判断图像的最终输出效果。在编辑图像的过程中，可以对图像编辑窗口进行多种操作，如改变窗口位置、对窗口进行缩放等。

图 1-38    Photoshop 视图区 / 工作区

### 7. 状态栏

Photoshop 状态栏位于视图区 / 工作区下面，用于显示当前视图区 / 工作区中图片的相关信息，如缩放比例、图片大小等，如图 1-39 所示。

40%    1920 像素 x 900 像素 (72 ppi)   >

图 1-39    Photoshop 状态栏

## Photoshop 中的基本文件操作方法

学习使用 Photoshop 处理图像之前，应该了解一些基本的软件中文件操作方法，如新建文件、打开文件、存储文件、导入 / 置入文件、导出图片、关闭文件等。

### 1. 新建文件

新建文件的操作非常简单，启动 Photoshop 软件，执行"文件"|"新建"命令，或按 Ctrl+N 快捷键，打开"新建"对话框，如图 1-40 所示。设置相应选项后，单击"确定"按钮，即可新建一个图像文件。

在"新建"对话框中，各选项的含义如下。

（1）**名称**

在该文本框中，可以输入新建文件的名称，默认状态下为"未标题 -1"。

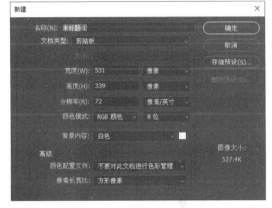

图 1-40    "新建"对话框

（2）**文档类型**

在该下拉列表框中，可以选择新建文件的类型并设置文件大小，也可以在其下的"宽度"和"高度"文本框中输入数值，精确设置宽度和高度。

（3）**分辨率**

在打印尺寸相同的情况下，分辨率高的图像会比分辨率低的图像包含更多像素，图像会更清楚、更细腻。

（4）**颜色模式**

该下拉列表框中有位图、灰度、RGB 颜色、CMYK 颜色、Lab 颜色等模式选项。

（5）**背景内容**

用于确定画布颜色，选择"白色"，代表用白色（默认的背景色）填充背景图层或第一个图层。

（6）**颜色配置文件**

该下拉列表框中有颜色配置方案选项。

（7）像素长宽比

该下拉列表框中有文件的像素长宽比例选项，如方形像素、宽银幕等。

**2. 打开文件**

打开文件的操作非常简单，有以下两种操作方法可供选择。

（1）*第一种操作方法*

执行"文件"|"打开"命令，如图1-41所示。在弹出的"打开"对话框中选择需要打开的图片，单击"打开"按钮，如图1-42所示，即可打开目标图片。

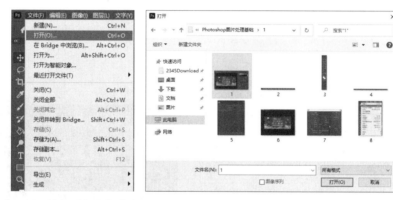

图1-41　执行"打开"命令　　　　　图1-42　"打开"对话框

> **提示** 按Ctrl+O快捷键或双击Photoshop工作区的空白处，都可以打开"打开"对话框。

（2）*第二种操作方法*

执行"文件"|"打开为"命令，如图1-43所示。在弹出的"打开"对话框中选择需要打开的图片和图片格式，如1-44所示，单击"打开"按钮，即可打开目标图片。

图1-43　执行"打开为"命令　　　　　图1-44　选择图片文件及其格式

> **提示** 预选格式错误时，无法打开相关图片文件。

### 3. 存储文件

#### （1）*存储文件*

执行"文件"｜"存储"命令，如图 1-45 所示，或按 Ctrl+S 快捷键，在弹出的"存储为"对话框中设置文件名和存储路径，单击"保存"按钮，即可保存当前文件，且保存格式是 Photoshop 可编辑格式"\*.PSD/\*.PDD/\*.PSDT"，便于再次编辑，如图 1-46 所示。

图 1-45　执行"存储"命令

图 1-46　修改文件名和存储路径

#### （2）*文件存储为*

如果需要存储修改过的文件，但不想覆盖之前已经存储的原文件，可以执行"存储为"命令。执行"文件"｜"存储为"命令，如图 1-47 所示，或按 Shift+Ctrl+S 快捷键，在弹出的"存储为"对话框中设置存储位置、文件名、保存类型，单击"保存"按钮，如图 1-48 所示，即可存储修改过的文件。

图 1-47　执行"存储为"命令

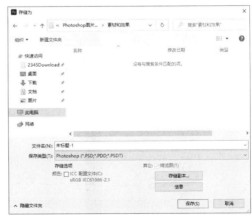

图 1-48　"存储为"对话框

#### （3）*文件存储副本（另存为）*

执行"文件"｜"存储副本"命令，如图 1-49 所示，或按 Alt+Ctrl+S 快捷键，在弹出的"存储副本"

对话框中设置存储位置、文件名、保存类型，单击"保存"按钮，如图 1-50 所示，即可将原文件另存为一个副本文件。

图 1-49　执行"存储副本"命令

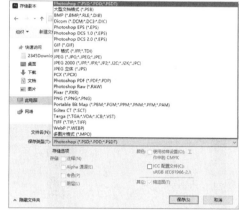

图 1-50　"存储副本"对话框

### 4. 导入 / 置入文件

执行"文件"|"导入"命令，可以导入变量数据组、视频帧到图层、注释、WIA 支持等 4 种格式的文件，如图 1-51 所示。

在 Photoshop 中，可以置入 AI、EPS 和 PDF 格式的文件，以及通过输入设备获取的图像。在 Photoshop 中置入 AI、EPS、PDF 格式的文件或由矢量软件生成的矢量图形时，其内容将自动转换为位图图像。执行"文件"|"置入嵌入对象"命令，如图 1-52 所示，在弹出的"置入嵌入对象"对话框中选择需要置入的文件并单击"置入"按钮，即可完成置入操作。

图 1-51　执行"导入"命令

图 1-52　执行"置入嵌入对象"命令

### 5. 导出图片

执行"文件"|"导出"|"导出为"命令，如图 1-53 所示。弹出"导出为"对话框，如图 1-54 所示，设置导出图片的相关参数，单击"导出"按钮，即可将当前文件存储副本为（另存为）目标格式的文件。

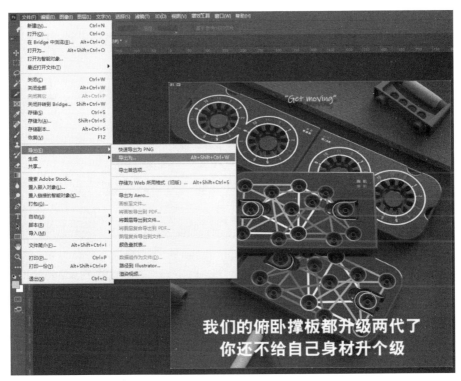

图 1-53 执行"导出为"命令

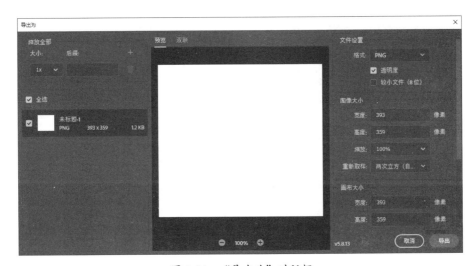

图 1-54 "导出为"对话框

## 6. 关闭文件

执行"文件"|"关闭"命令，或按 Ctrl+W 快捷键，即可关闭当前文件。"关闭"命令只有在文件被打开时才呈可用状态。

单击标题栏目标文件文件名后的"关闭"按钮▇，也可以关闭文件，若当前文件被修改过或是新建后未保存的文件，那么关闭文件的时候会弹出一个提示对话框，如图 1-55 所示。单击"是"按钮，即可先保存对文件的更改再关闭文件，单击"否"按钮，则不保存对文件的更改，直接关闭文件。

图 1-55　提示对话框

## ▤ Photoshop 工具箱中的常用工具

Photoshop 工具箱中有 4 个极为重要的常用工具，分别为移动工具、抓手工具、视图缩放工具和切片工具，下面分别进行介绍。

### 1. 移动工具

移动工具对应的快捷键是 V，使用移动工具，可以单击选择视图中没有被锁定的选区或图层，加以移动，如图 1-56 所示。

### 2. 抓手工具

抓手工具对应的快捷键是 H，具有移动视图区 / 工作区中的画面的功能，如图 1-57 所示。在使用其他工具的时候按住空格键，可以临时跳转为使用抓手工具。

图 1-56　Photoshop 移动工具

图 1-57　Photoshop 抓手工具

### 3. 缩放工具

缩放工具对应的快捷键是 Z，使用缩放工具，可以放大或缩小视图区 / 工作区中的画面，如图 1-58 所示。按住 Alt 键的同时滑动鼠标滚轮，也可以快速缩放视图区 / 工作区中的画面。

### 4. 切片工具

使用切片工具，可以将偏大的图片剪切为适合用于网页设计的较小图片，如图 1-59 所示。单独导出切片后的图片用于网页设计，有助于提高网页加载速度，优化用户浏览网页的体验。

图 1-58　Photoshop 缩放工具

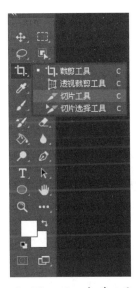

图 1-59　Photoshop 切片工具

 **课堂实训**

## 任务一　修改 PSD 文件并导出符合要求的商品主图

### 📖 任务描述

　　小王是某电子商务公司的一名运营岗员工，某天，公司的设计师因为临时有事，发了一个需要上传的商品主图的 PSD 文件给小王后就离开了公司，没想到领导在她回来前要求小王马上上传该商品主图。小王打开同事发给他的商品主图 PSD 文件后，发现文件中的产品图片放错了位置。这时，小王需要使用 Photoshop 检查 PSD 文件中的错误，且修改错误、导出可上传的商品主图（商品主图要求为 JPG/PNG 格式，尺寸为 800 像素 × 800 像素）。

　　本任务的设置目的是在电商运营与电商美工的工作情境中，结合电商运营与电商美工的必备能

力要求，带领大家完成先使用 Photoshop 打开 PSD 文件，再检查 PSD 文件中的错误且修改错误，最后导出可上传的商品主图的操作流程。

### 📋 任务目标

①学生能够使用 Photoshop 打开 PSD 文件。

②学生能够使用 Photoshop 检查 PSD 文件中的错误。

③学生能够使用 Photoshop 调整 PSD 文件中产品图片的位置。

④学生能够使用 Photoshop 导出 JPG/PNG 格式的图片。

### 📋 任务实施

**⊙步骤1** 双击计算机桌面上的 Adobe Photoshop 2022 程序图标，如图 1-60 所示。

**⊙步骤2** 启动 Photoshop 软件后，执行"文件"|"打开"命令，如图 1-61 所示。

 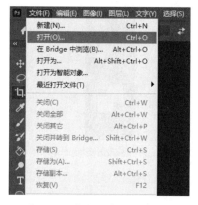

图 1-60　双击 Photoshop 2022 程序图标　　图 1-61　执行"打开"命令

　**⊙步骤3** 弹出"打开"对话框，在"项目一素材"文件夹中，选择"任务 1"PSD 文件，单击"打开"按钮，如图 1-62 所示。

图 1-62　"打开"文件夹

⊙**步骤4** 完成以上操作后，即可打开商品主图 PSD 文件。在图像编辑窗口中观察、分析产品图片的位置是否正确，如图 1-63 所示。

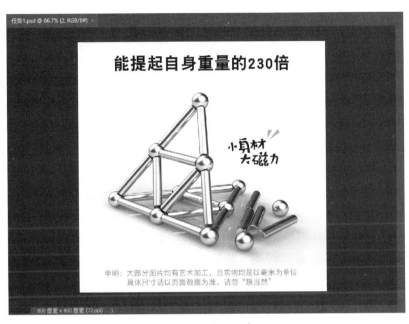

图 1-63　图像编辑窗口

⊙**步骤5** 确定产品图片应该放置的正确位置后，单击"移动工具"按钮，选择画面中的产品图片，按住鼠标左键并拖曳，将其移动至目标位置，如图 1-64 所示。

图 1-64　调整产品图片的位置

◉ **步骤6** 执行 "文件" | "导出" | "导出为" 命令, 如图 1-65 所示。

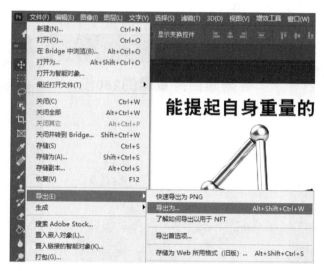

图 1-65　执行 "导出为" 命令

◉ **步骤7** 弹出 "导出为" 对话框, 在 "文件设置" | "格式" 列表框中, 选择 "JPG" 选项; 在 "图像大小" 设置区中, 设置 "宽度" 和 "高度" 均为 800 像素, 单击 "导出" 按钮, 如图 1-66 所示。

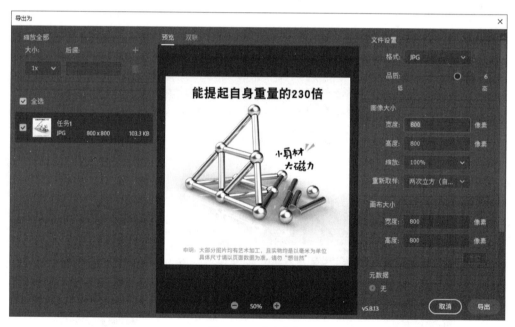

图 1-66　设置参数

▲ **注意** 执行 "保存" 命令或 "导出为" 命令, 都可以得到符合要求的图片, 但是只有执行 "导出为" 命令, 才能调整图片的尺寸大小、选择文件格式。

◎步骤8　弹出"另存为"对话框，设置保存路径、文件名、保存类型，单击"保存"按钮，如图 1-67
所示，即可导出 800 像素 ×800 像素的 JPG 格式商品主图。

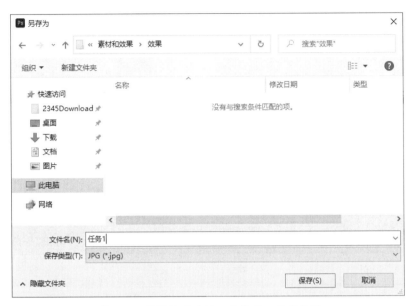

图 1-67　设置保存路径、文件名、保存类型

## 任务二　完成详情页文件切片并将其存储为 Web 所用格式

### 📋 任务描述

小可入职新百优电子商务有限公司美工部一个星期了，公司领导想了解小可的网店美工基础，
给小可布置了一个导出详情页文件切片的任务，要求导出的图片必须满足互联网平台使用规范。

本任务的设置目的是带领大家学习导出详情页文件切片的操作流程。

### 📋 任务目标

①学生能够使用参考线和切片等工具完成文件切片工作。

②学生能够将文件切片导出为正确格式的图片。

### 📋 任务实施

◎步骤1　执行"文件"|"打开"命令，打开"项目一素材"文件夹内的"任务 2"PSD 文件，
如图 1-68 所示。

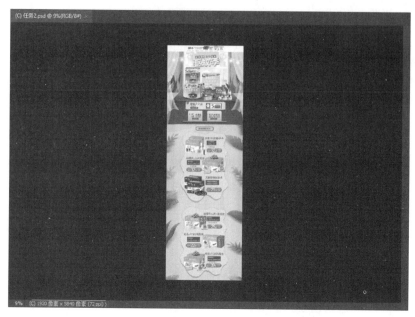

图 1-68　打开 PSD 文件

⊙**步骤2**　在"图层"面板中，可以看到 5 个图层组，如图 1-69 所示。

图 1-69　查看图层组

⊙**步骤3**　按 Ctrl+R 快捷键调出标尺，在标尺栏上右击鼠标，在弹出的快捷菜单中选择"像素"选项，如图 1-70 所示。

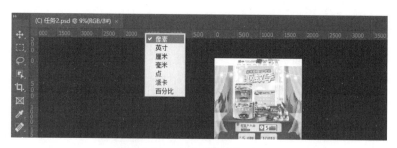

图 1-70　选择"像素"选项

◎**步骤4** 在标尺栏上按住鼠标左键后向下拖曳，拉出参考线至合适位置后释放鼠标左键，即可新建水平参考线。使用同样的方法，在每一个需要切片的位置新建水平参考线，如图 1-71 所示。

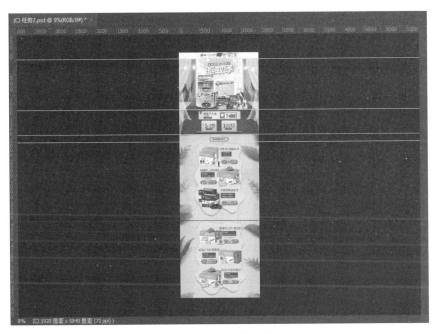

图 1-71　新建水平参考线

◎**步骤5** 先在工具箱中单击"切片工具"按钮 ，再在工具选项栏中单击"基于参考线的切片"按钮，如图 1-72 所示，即可基于参考线进行图像切片。

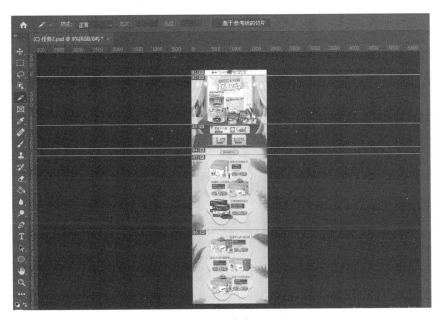

图 1-72　基于参考线切片

⊙ **步骤6** 执行"文件"|"导出"|"存储为 Web 所用格式"命令，如图 1-73 所示。

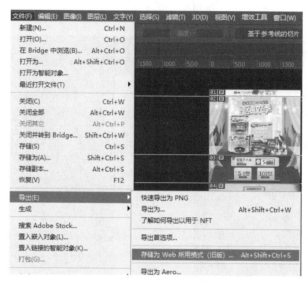

图 1-73  执行"存储为 Web 所用格式"命令

⊙ **步骤7** 弹出"存储为 Web 所用格式"对话框，在"格式"列表框中选择"JPEG"选项，设置"品质"为"30"、"压缩品质"为"中"，单击"存储"按钮，如图 1-74 所示。

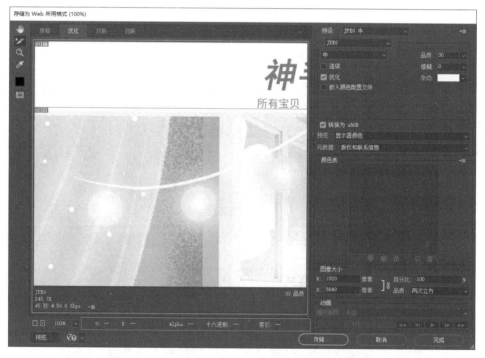

图 1-74  设置"存储为 Web 所用格式"对话框参数

⊙**步骤8** 弹出"将优化结果存储为"对话框，设置保存路径和文件名，单击"保存"按钮，如图 1-75 所示。

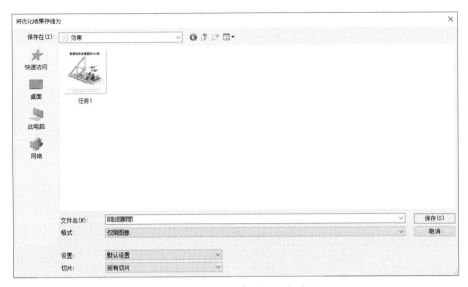

图 1-75　设置保存路径和文件名

⊙**步骤9** 完成以上操作后，即可完成详情页文件切片并将其存储为 Web 所用格式。在存储文件夹中，可以查看切片图像，如图 1-76 所示。

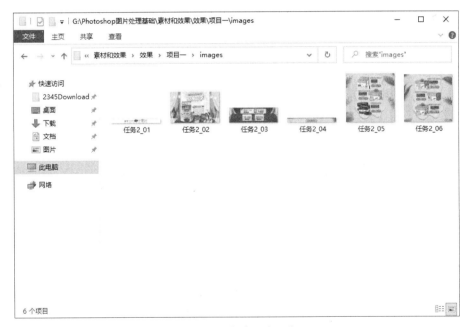

图 1-76　查看切片图像

 **项目评价**

## 学生自评表

表 1-1　技能自评

| 序号 | 技能点 | 达标要求 | 学生自评 | |
|---|---|---|---|---|
| | | | 达标 | 未达标 |
| 1 | 打开 PSD 文件 | 能够在 Photoshop 中正确打开 PSD 文件 | | |
| 2 | 检查和修改 PSD 文件中的错误 | 能够在 Photoshop 中修改 PSD 文件 | | |
| 3 | 保存 PSD 文件 / 将 PSD 文件另存为指定格式的文件 | 要求一：能够掌握保存 Photoshop 文件的几种方法<br>要求二：能够操作 Photoshop 软件，将 PSD 文件另存为指定格式的文件 | | |
| 4 | 导出文件切片 | 要求一：掌握切片工具的使用方法<br>要求二：能够使用切片工具切出指定图片，并导出指定格式的文件 | | |

表 1-2　素质自评

| 序号 | 素质点 | 达标要求 | 学生自评 | |
|---|---|---|---|---|
| | | | 达标 | 未达标 |
| 1 | 独立思考的能力 | 具有一定的思考问题、分析问题的能力 | | |
| 2 | 运用正确的方法和技巧掌握新知识、新技能的能力 | 要求一：掌握正确的学习方法和技巧，能够做到课前自学并掌握课前自学知识<br>要求二：能够严格按照任务的步骤与要求进行操作<br>要求三：对于不理解的知识点，积极主动向老师和同学请教 | | |
| 3 | 树立创新意识、具有创新精神 | 要求一：具有一定的创新思维<br>要求二：能够多方面思考问题<br>要求三：具有积极、主动的探索精神 | | |

## 教师评价表

表 1-3　技能评价

| 序号 | 技能点 | 达标要求 | 教师评价 | |
|---|---|---|---|---|
| | | | 达标 | 未达标 |
| 1 | 打开 PSD 文件 | 能够在 Photoshop 中正确打开 PSD 文件 | | |
| 2 | 检查和修改 PSD 文件中的错误 | 能够在 Photoshop 中修改 PSD 文件 | | |

（续表）

| 序号 | 技能点 | 达标要求 | 教师评价 | |
|---|---|---|---|---|
| | | | 达标 | 未达标 |
| 3 | 保存 PSD 文件 / 将 PSD 文件另存为指定格式的文件 | 要求一：能够掌握保存 Photoshop 文件的几种方法<br>要求二：能够操作 Photoshop 软件，将 PSD 文件另存为指定格式的文件 | | |
| 4 | 导出文件切片 | 要求一：掌握切片工具的使用方法<br>要求二：能够使用切片工具切出指定图片，并导出指定格式的文件 | | |

表 1-4　素质评价

| 序号 | 素质点 | 达标要求 | 教师评价 | |
|---|---|---|---|---|
| | | | 达标 | 未达标 |
| 1 | 独立思考的能力 | 具有一定的思考问题、分析问题的能力 | | |
| 2 | 运用正确的方法和技巧掌握新知识、新技能的能力 | 要求一：掌握正确的学习方法和技巧，能够做到课前自学并掌握课前自学知识<br>要求二：能够严格按照任务的步骤与要求进行操作<br>要求三：对于不理解的知识点，积极主动向老师和同学请教 | | |
| 3 | 树立创新意识、具有创新精神 | 要求一：具有一定的创新思维<br>要求二：能够多方面思考问题<br>要求三：具有积极、主动的探索精神 | | |

 **课后拓展**

# Photoshop 网页切片相关知识

### 1. 网页制作过程中，为什么一定要进行切片？

切片是网页制作过程中非常重要的一个步骤，切片正确与否，往往会影响网页的后期制作效果。实际工作中，一般使用 Photoshop 对网页效果图或者大幅图片进行切割，正确地切片会给网页呈现带来积极、正面的影响，比如减少网页加载时间、优化图片效果等。

### 2. 详细介绍制作网页切片的作用。

#### （1）减少网页加载时间

有时候，网页中会包含较大的 banner 图片（banner 图片广告是网络上常见的广告形式之一，也称网幅广告、旗帜广告、横幅广告等，banner 图片的尺寸多为 468 像素 × 60 像素，一般使用 GIF 格式的图像文件，可以是静态图像，也可以是用多帧图像拼接成的动态图像）或者背景图片，

使用浏览器观看、下载这样的图片，往往需要消耗很长时间，会给用户带来负面体验。制作网页切片很好地解决了这个问题，使用浏览器观看、下载图片的时间大大缩短，提高了效率。

**（2）优化图片效果**

一般来说，一张完整的图片只能有一种格式，JPG、GIF、PNG、PSD、BDF 或者其他。只有一种格式的图片优化时只能优化为另一种格式，但网页切片出现后，用户可以先将一张大图分割成很多小图，再将不同小图保存成不同格式的图片，并进行有针对性的优化。这样既能保证图片质量高、占用内存少，也能提升网页加载速度。

**3. 网页制作的流程有哪些？**

如今，大多数公司制作网页是有分工的，一般分为两个环节，美工和编程。美工先设计效果图，编程人员再使用 Photoshop 中的切片工具将完整的设计区域切分成数个小区域，这样，使用 Dreamweaver 软件设计网页的时候，就可以将使用 Photoshop 切片工具切出的图片插入 Dreamweaver 软件了。这一过程，要使用 DIV+CSS 布局。

如果根据表格进行布局，直接使用 Photoshop 切片工具导出网页就可以了，不需要进行额外的操作，但是现在使用这种方法的人很少，因为 DIV+CSS 布局已经成为主流的布局方式了。

**想一想：**

在 Photoshop 中使用切片工具对图片进行切片，对后续的网页制作来说有什么意义？

_____

_____

_____

 **思政园地**

# 创作者如何合法合规地使用免费图库？

很多个人创作者或工作室在经费紧张、需要使用没有版权问题的素材时，会去 CC0（Creative Commons Zero）授权的网站寻找素材，包括图片素材、设计素材、文字素材、音乐素材、音效素材等。不过，很多人并没有明确版权问题的本质所在，导致侵权现象时有发生、品牌形象受损。

2021 年 1 月 31 日，汪峰发布单曲《没有人在乎》，单曲封面是一张头戴塑胶袋的呐喊人物的侧拍，被发现和另外一个乐队在 2019 年发布的单曲《叫唤》的封面几乎一模一样。在这个案例中，谁侵权了？双方都没有侵权，只是碰巧使用了同一个摄影师的作品——该摄影师来自墨西哥，曾把自己的摄影作品上传入一个免费作品分享平台。

表面上看，免费作品分享平台上的所有作品都是可以免费商用的，但实际上，可能造成侵权的情况很多，大部分图片使用者会忽视以下两个问题。

第一，免费图片的商用是有限制的。比如，Unsplash 在完整版的 Terms&Conditions( 在线使用条款 ) 中写明，Unsplash 给予的图片使用许可不包括免费使用图片中涉及的人物肖像、第三方商标、艺术作品（如图片中包含一幅涉及版权问题的画作）。如果使用者需要使用这类图片，必须单独获得肖像权人、商标权人、作品权利人的授权。另外，Unsplash 的公开的免责条款称，由于网站无法逐一审查每位用户上传的图片，因此无法确保图片 100% 没问题。这意味着，图片可能存在侵权隐患，或含有违背公序良俗的内容，图片使用者应当自行判断使用免费图片的风险，并自行承担这些风险。

第二，因为没有足够的人力、物力对免费图库进行审查，可能存在用户把别人的作品当自己的作品传入免费图库的情况，如果图片使用者用了这样的图，侵权风险非常大。

**请针对素材中的事件，思考以下问题。**
①针对汪峰单曲《没有人在乎》的封面版权纠纷，你有什么看法？
②电商运营 / 美工人员应树立怎样的版权观？

_____

_____

_____

 **巩固练习**

## 一、选择题（单选 / 多选）

1. 在 Photoshop 工作界面中，可以看到（　　）。

    A. 菜单栏　　　　　　　　　　B. 工具栏

    C. 工具选项　　　　　　　　　D. 功能面板

    E. 视图区 / 工作区

2. 将文件导入 Photoshop，可执行的操作是（　　）。

    A. "文件" | "新建"　　　　　　B. "文件" | "打开"

    C. 拖曳文件至视图区 / 工作区　　D. "文件" | "打开为"

3. 在 Photoshop 中新建文件，可执行的操作是（　　　）。

    A. "文件" | "新建"                         B. "文件" | "打开"

    C. 拖曳文件至视图区 / 工作区             D. "文件" | "打开为"

4. Photoshop 抓手工具的图标是（　　　）。

    A.                           B.

    C.                           D.

5. Photoshop 移动工具的图标是（　　　）。

    A.                           B.

    C.                           D.

6. 在 Photoshop 中保存文件，默认格式为（　　　）。

    A. PSD 格式                             B. JPG 格式

    C. PNG 格式                             D. TIFF 格式

7. 在 Photoshop 中，图片被切片后，要保存为（　　　）的文件。

    A. PSD 格式                             B. WEB 格式

    C. PNG 格式                             D. GIF 格式

## 二、 判断题

1. 在 Photoshop 中，按住 Ctrl 键的同时滑动鼠标滚轮，可以放大或缩小视图区 / 工作区中的画面。（　　　）

2. Photoshop 移动工具对应的快捷键是 A。（　　　）

3. Photoshop 抓手工具对应的快捷键是 H。（　　　）

4. 在 Photoshop 中执行 "导出为" 命令，可以导出 PSD 格式的图片。（　　　）

5. 使用切片工具将图片切片后导出，有助于提高网页加载速度，以及用户浏览网页的体验。（　　　）

## 三、 简答题

在 Photoshop 中保存文件与导出文件的区别是什么？

_____

_____

_____

# 了解 Photoshop 图层的基本操作方法

 **项目导入**

对图层进行操作是 Photoshop 软件的核心功能之一。在图层上操作，就像是在画布上画画，很多图层叠在一起，构成了丰富的图像。分图层后，图像可分别独立存在于各自的图层上，改动其中某一个图层上的图像，不会影响其他图层上的图像。

登录各种平面设计网站，大家可以看到很多优秀的平面设计作品，如图 2-1 所示，每个优秀的平面设计作品都是由多个图层组成的。

图 2-1　优秀的平面作品

想做出优秀的平面设计作品，需要了解、使用 Photoshop 图层。本项目将深入介绍 Photoshop 图层的基本应用知识及应用技巧，通过对本项目的学习，大家可以了解图层的强大功能，掌握图层操作技巧，充分利用图层为自己的作品增光添彩。

 **教学目标**

### 知识目标

①学生能够说出"图层"面板中的常用命令。

②学生能够举例说明新建/复制/删除图层的操作方法。

③学生能够说出排列/合并图层的操作步骤。

④学生能够举例说明锁定/填充图层的操作方法。

⑤学生能够举例说明新建图层组的操作方法。

⑥学生能够说出智能对象图层和像素化图层的区别。

### 能力目标

①学生能够完成新建图层、新建图层组、填充图层，以及调整指定图层的透明度、亮度、渐变、图层样式等操作。

②学生能够根据步骤引导修改网店图标 PSD 文件。

③学生能够根据步骤引导修改商品主图 PSD 文件。

### 素质目标

①学生具有独立思考能力和创新能力。

②学生具有信息素养和学习能力。

③学生具有独立设计能力。

 **课前导学**

#### 认识"图层"面板

　　"图层"面板用于存储和管理图层。"图层"面板中有作品的所有元素，用户可以根据需要调整图层位置、删除图层、合并图层等，如图 2-2 所示。

图 2-2 "图层"面板

在"图层"面板中，各选项的含义如下。

①菜单 ▦：在"图层"面板中，单击右上角的"菜单"按钮，弹出面板菜单，可以设置图层相关内容，如图 2-3 所示。

②图层搜索 ：在搜索框中，可以选择 9 种不同的搜索方式，包括类型搜索、名称搜索、效果搜索、模式搜索、属性搜索、颜色搜索、智能对象搜索、选定搜索、画板搜索，如图 2-4 所示。

图 2-3 "图层"面板菜单　　　　图 2-4 图层搜索框

③图层混合模式 穿透 ▾：用于设置图层的混合模式，共包含 28 种混合模式，如图 2-5 所示，可以为图层添加各种图层特效，完成充满创意的平面设计作品。

④不透明度 不透明度: 100% ：用于调整单独图层的透明度，数值范围为 0~100%，0 为完全透明，100% 为全部可见。

⑤填充 填充: 100% ：用于设置图层的填充百分比，设置的数值越大，颜色越重；反之，设置的数值越小，颜色越轻。（不透明度和填充的区别：不透明度可以影响图层样式的效果，填充不影响图层样式的效果）

⑥锁定："锁定"选项区中包含锁定透明像素 、锁定图像像素 、锁定位置 、防止在画板内外自动嵌套 和锁定全部 5 个工具，如图 2-6 所示。

⑦显示 / 隐藏 ：用于显示或隐藏图层中的内容。

⑧锁链 ：在两个或两个以上图层被选择的时候才可以使用，表示图层与图层之间的链接关系。在"图层"面板中选择两个或两个以上图层，单击"锁链"按钮，即可链接所选图层，如图 2-7 所示。

⑨添加图层样式 fx ：单击该按钮，展开列表框，可以为当前图层添加图层样式，如图 2-8 所示。

图 2-5　图层混合模式

图 2-6　锁定工具　　　　图 2-7　链接图层　　　　图 2-8　"图层样式"列表框

⑩添加图层蒙版 ：单击该按钮，可以为图层添加蒙版效果。

⑪创建新的填充或调整图层 ：单击该按钮，展开列表框，可以为图层添加各种填充效果，或者调整图层效果，如图 2-9 所示。

⑫创建新组  ：单击该按钮，可以在"图层"面板中创建组对象。

⑬创建新图层 ：单击该按钮，可以在当前所选择图层的上方创建一个新图层。

⑭删除图层 ：选择不需要的图层后单击该按钮，或者直接将不需要的图层拖曳到此处，即可完成删除操作。

图 2-9    "创建新的填充或调整图层"列表框

## 图层的新建 / 复制 / 删除

在"图层"面板中，可以对图层进行管理、编辑等操作，如新建图层、复制图层、删除图层。

### 1. 新建图层

在 Photoshop 软件中，新建的图层被称为普通图层，普通图层是透明的、最基本的图层类型，用户可以在上面绘制或处理图像。新建图层有以下 4 种方法。

（1）通过"图层"面板菜单新建图层

单击"图层"面板右上角的"菜单"按钮 ，在弹出的面板菜单中选择"新建图层"命令，如图 2-10 所示。弹出"新建图层"对话框，如图 2-11 所示，可以设置新图层的名称、颜色、模式、不透明度等属性，设置完成后，单击"确定"按钮，即可新建图层。

图 2-10    选择"新建图层"命令

图 2-11    "新建图层"对话框

在"新建图层"对话框中，各选项的含义如下。

①名称：用于设置新建图层的名称。

②使用前一图层创建剪贴蒙版：在勾选"使用前一图层创建剪贴蒙版"对应的复选框的情况下新建图层，可以使用前一图层创建剪贴蒙版。

③颜色：用于设置新建图层的颜色。

④模式：用于设置新建图层的混合模式。

⑤不透明度：用于设置新建图层的不透明度。

**（2）使用快捷键新建图层**

使用 Ctrl+Shift+N 快捷键，弹出"新建图层"对话框，根据提示进行操作，即可新建图层。

**（3）通过菜单栏新建图层**

在菜单栏中，执行"图层"｜"新建"｜"图层"命令，如图 2-12 所示。弹出"新建图层"对话框，根据提示进行操作，即可新建图层。

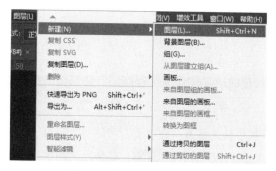

图 2-12　执行"图层"命令

**（4）使用"图层"面板按钮新建图层**

单击"图层"面板底部的"创建新图层"按钮，可以在当前所选择图层的上方新建一个图层，并自动顺次命名图层，如图 2-13 所示，这是最常用的新建图层的方法。

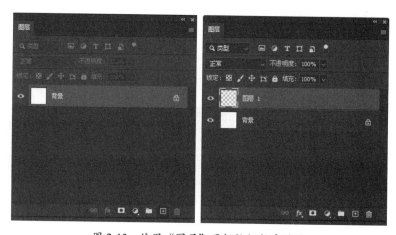

图 2-13　使用"图层"面板按钮新建图层

**2. 复制图层**

复制图层，即创建一个与原图层一模一样的图层。在默认状态下，所复制的图层位于原图层的上方。复制图层有以下 4 种方法。

**（1）通过"图层"面板菜单复制图层**

选择要复制的图层，单击"图层"面板右上角的"菜单"按钮 ，在弹出的面板菜单中选择"复制图层"命令，如图 2-14 所示。弹出"复制图层"对话框，如图 2-15 所示，在对话框中设置各参数后，单击"确定"按钮，即可复制图层。

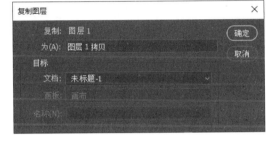

图 2-14　选择"复制图层"命令　　　　图 2-15　　"复制图层"对话框

在"复制图层"对话框中，各常用选项的含义如下。

①为：用于设置所复制图层的名称。

②文档：用于设置所复制图层的文件来源。

**（2）使用快捷键复制图层**

使用 Ctrl+J 快捷键，可以直接在所选择图层的上方复制一个图层，如图 2-16 所示。

图 2-16　使用快捷键复制图层的效果

**（3）使用"图层"面板按钮复制图层**

单击选择目标图层后按住鼠标左键拖曳目标图层到"图层"面板底部的"创建新图层"按钮 ⊞ 上，释放鼠标左键，即可创建目标图层的副本图层，如图 2-17 所示。

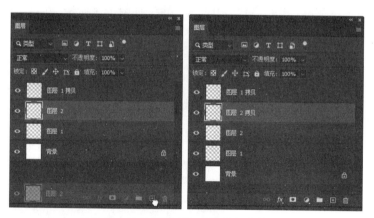

图 2-17　使用"图层"面板按钮复制图层

**（4）使用移动工具复制图层**

使用移动工具，可以将要复制的图层拖曳到另一个 PSD 格式的文件中，完成两张图之间的图层复制。

**3. 删除图层**

对于不需要的图层，用户可以将其删除。删除图层有以下 4 种方法。

**（1）通过"图层"面板菜单删除图层**

选择要删除的图层，单击"图层"面板右上角的"菜单"按钮 ，在弹出的面板菜单中选择"删除图层"命令，如图 2-18 所示。弹出"Adobe Photoshop"提示对话框，如图 2-19 所示，单击"是"按钮，即可删除图层。

图 2-18　选择"删除图层"命令

图 2-19　"Adobe Photoshop"提示对话框

（2）**使用快捷键删除图层**

选择要删除的图层，按 Delete 键，即可直接删除图层。

（3）**通过菜单栏删除图层**

选择要删除的图层，在菜单栏中执行"图层"|"删除"|"图层"命令，如图 2-20 所示。弹出"Adobe Photoshop"提示对话框，单击"是"按钮，即可删除图层。

（4）**使用"图层"面板按钮删除图层**

选择要删除的图层，单击"图层"面板底部的"删除图层"按钮，如图 2-21 所示。弹出"Adobe Photoshop"提示对话框，单击"是"按钮，即可删除图层。

图 2-20　执行"图层"命令

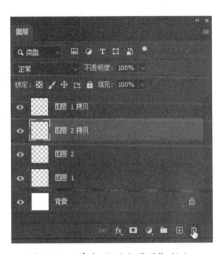

图 2-21　单击"删除图层"按钮

## 图层的排列 / 合并 / 锁定 / 填充

管理 Photoshop 中的图层时，可以对图层进行排列、合并、锁定、填充等操作，下面分别进行详细介绍。

### 1. 排列图层

在 Photoshop 中，一个完整的作品是由若干个图层组成的，用户可以根据需要，对图层所处的位置进行调整，甚至重新排列所有图层。排列图层有以下 3 种方法。

（1）**通过"图层"面板拖曳排列图层**

在"图层"面板中选择任意一个图层，按住鼠标左键并拖曳，如图 2-22 所示。将所选择图层拖曳至其他图层的上方或下方后释放鼠标左键，即可重新排列图层。

（2）**使用快捷键排列图层**

选择目标图层，使用 Ctrl+【快捷键，即可将目标图层向下移动一层，如图 2-23 所示；使用 Ctrl+】快捷键，即可将目标图层向上移动一层，如图 2-24 所示；使用 Ctrl+Shift+【快捷键，即可将目标图层移动至图层序列最下方；使用 Ctrl+Shift+】快捷键，即可将目标图层移动至图层序列最上方。

（3）通过菜单栏排列图层

执行"图层"|"排列"子菜单中的相应命令，也可以调整图层的顺序。"排列"子菜单中有 5 项命令可以用于对图层顺序进行调整，如图 2-25 所示。

图 2-22　拖曳图层

图 2-23　向下移动一层

图 2-24　向上移动一层

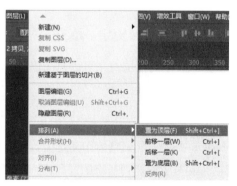

图 2-25　"排列"子菜单

"排列"子菜单中各项命令的含义如下。

①置为顶层：执行该命令，可以将当前选择的图层移至图层序列最上方。

②前移一层：执行该命令，可以将当前选择的图层在图层序列中上移一层。

③后移一层：执行该命令，可以将当前选择的图层在图层序列中下移一层。

④置为底层：执行该命令，可以将当前选择的图层移至图层序列最下方。

⑤反向：执行该命令，可以将当前选择的所有图层按倒序重新排列。

### 2. 合并图层

合并图层，即根据需要，合并两个或两个以上图层（图层组）。完成该操作，可以减少文件中的图层数量、减少文件所占用的磁盘空间、提高软件运行速度。合并图层有以下 3 种方法。

**（1）通过"图层"面板菜单合并图层**

选择要合并的图层，单击"图层"面板右上角的"菜单"按钮 ，在弹出的面板菜单中选择"合并图层"命令，如图 2-26 所示，即可将所选择的图层合并为一个图层，如图 2-27 所示。

图 2-26　选择"合并图层"命令　　　　图 2-27　合并图层后的效果

**（2）使用快捷键合并图层**

在"图层"面板中选择多个图层，使用 Ctrl+E 快捷键，即可合并所选择的图层。

**（3）通过菜单栏合并图层**

"图层"菜单中有 3 个命令可用于完成合并图层操作，分别是"合并图层"命令、"合并可见图层"命令和"拼合图像"命令，如图 2-28 所示。

图 2-28　"图层"菜单

在"图层"菜单中，各合并图层命令的含义如下。

①合并图层：执行该命令，可以将所选择的图层进行合并，不会影响未选择图层。

②合并可见图层：如果不想合并全部图层，只想合并个别图层，可以先将不需要合并的图层隐

藏，再执行"合并可见图层"命令，即可合并所有可见的图层，隐藏的图层保持不变。

③拼合图像：执行该命令，可以将图像拼合到背景层上，如果没有背景层，将拼合到最底部的图层上。如果拼合图像时有隐藏的图层，系统会弹出"Adobe Photoshop"提示对话框，提示是否扔掉隐藏的图层，如图2-29所示。单击"确定"按钮，即可扔掉隐藏的图层，将其他图层上的图像拼合；单击"取消"按钮，则所有图层保持原状。

图 2-29　　"Adobe Photoshop"提示对话框

### 3. 锁定图层

锁定图层，即对所选择的图层进行锁定操作。锁定图层有以下3种方法。

**（1）使用"图层"面板按钮锁定图层**

选择要锁定的图层，单击锁定选项区中的"锁定全部"按钮🔒，即可锁定所有所选择的图层，被锁定的图层后面将显示一个小锁图标，如图2-30所示。

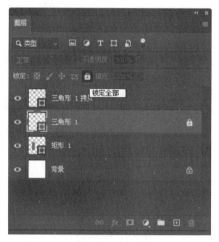

图 2-30　锁定图层

**（2）通过"图层"面板菜单锁定图层**

选择要锁定的图层，单击"图层"面板右上角的"菜单"按钮☰，在弹出的面板菜单中选择"锁定图层"命令，如图2-31所示，即可锁定图层。

**（3）通过菜单栏锁定图层**

选择要锁定的图层，执行"图层"|"锁定图层"命令，如图2-32所示，即可锁定图层。

图 2-31　选择"锁定图层"命令　　　图 2-32　执行"锁定图层"命令

## 4. 填充图层

使用"填充"功能，可以为图层填充各种颜色和图案效果。填充图层有以下两种方法。

### （1）通过菜单栏填充图层

在"图层"面板中选择要填充的图层后，在菜单栏中执行"编辑"|"填充"命令，如图 2-33 所示。弹出"填充"对话框，如图 2-34 所示，选择要填充的颜色，单击"确定"按钮，即可填充图层。

图 2-33　执行"填充"命令　　　　图 2-34　"填充"对话框

（2）使用快捷键填充图层

选择要填充的图层，使用 Alt+Delete 快捷键，可以直接为目标图层填充前景色。

## 四 新建图层组 / 创建智能对象 / 像素化图层

在 Photoshop 中，不仅可以管理图层，还可以对图层组、智能对象和像素化图层进行编辑操作。下面分别进行详细介绍。

### 1. 新建图层组

在 Photoshop 中，为了方便管理图层，可以将多个图层放在一个图层组中，实现共同管理。新建的图层组会在当前图层上方显示，系统默认图层组为打开状态，此时新建图层，会自动新建到图层组里；关闭图层组，新建图层将在图层组上方显示。新建图层组有以下两种方法。

（1）通过"图层"面板菜单新建组

单击"图层"面板右上角的"菜单"按钮，在弹出的面板菜单中选择"新建组"命令，如图 2-35 所示。弹出"新建组"对话框，如图 2-36 所示，修改组名称后，单击"确定"按钮即可。

图 2-35　选择"新建组"命令　　　　图 2-36　"新建组"对话框

在"新建组"对话框中，各选项的含义如下。

①名称：用于设置新建组的名称。

②颜色：用于设置新建组的颜色。

③模式：用于设置新建组的混合模式。

④不透明度：用于设置新建组的不透明度。

创建图层组后，新建的图层组将会显示在"图层"面板中，如图 2-37 所示。

图 2-37　新建图层组

（2）使用"图层"面板按钮新建组

单击"图层"面板底部的"创建新组"按钮 ，即可创建一个图层组对象，如图 2-38 所示。

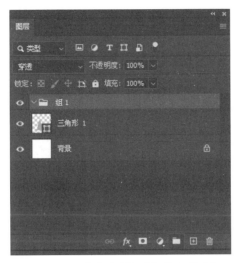

图 2-38　通过"图层"面板按钮新建组

（3）通过菜单栏新建组

在菜单栏中执行"图层"|"新建"|"组"命令，如图 2-39 所示，可以打开"新建组"对话框。在"新建组"对话框中修改各参数后，单击"确定"按钮，即可新建组对象。

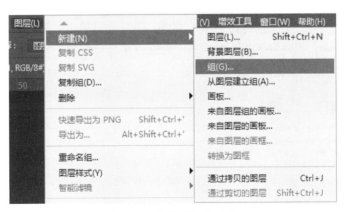

图 2-39　执行"组"命令

（4）使用快捷键新建组

在"图层"面板中选择多个图层对象，如图 2-40 所示，使用 Ctrl+G 快捷键，即可直接创建组对象，如图 2-41 所示。

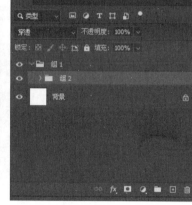

图 2-40　选择多个图层对象　　　　　图 2-41　创建组对象

### 2. 创建智能对象

智能对象的全称为智能对象图层，可以将一个或多个图层、矢量图形文件包含在一个 Photoshop 文件中。以智能对象形式嵌入 Photoshop 文件的位图或者矢量图形文件，能够与所属的 Photoshop 文件保持相对的独立，即对 Photoshop 文件进行修改时，不会影响嵌入其中的位图、矢量图形文件等智能对象。

创建智能对象有以下两种方法。

#### （1）通过菜单栏创建

在菜单栏中执行"文件"|"置入嵌入对象"命令，如图 2-42 所示，可以打开"置入嵌入的对象"对话框，如图 2-43 所示。在"置入嵌入的对象"对话框中选择需要嵌入的位图、PSD 文件等图像文件后，单击"置入"按钮，即可创建智能对象。

图 2-42　执行"置入嵌入对象"命令　　　图 2-43　"置入嵌入的对象"对话框

（2）通过转换功能创建

创建智能对象，还可以通过执行"转换为智能对象"命令实现，具体操作方法如下。

在"图层"面板中选择一个或多个图层对象，右击鼠标，在弹出的快捷菜单中选择"转换为智能对象"命令，如图 2-44 所示，即可将所选择的图层转换为智能对象，图层右下角会出现智能对象图标，如图 2-45 所示。

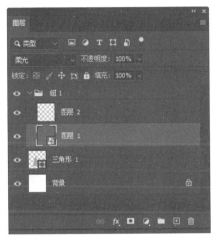

图 2-44　选择"转换为智能对象"命令　　　图 2-45　转换为智能对象

## 3. 像素化图层

像素化图层也被称为栅格化图层，主要针对文字图层进行操作。栅格化文字图层后，文字图层会转换为普通图层，文字内容无法再进行编辑。创建像素化图层的具体操作方法如下。

在"图层"面板中选择目标文字图层，右击鼠标，在弹出的快捷菜单中选择"栅格化文字"命令，如图 2-46 所示，即可将文字图层转换为像素化图层，如图 2-47 所示。

图 2-46　选择"栅格化文字"命令　　　图 2-47　像素化文字图层

**4. 智能对象与像素化图层的区别**

经历放大操作之后，智能对象的清晰度无变化，像素化图层则会变得模糊。图 2-48 和图 2-49 为智能对象放大后与像素化图层放大后的对比。

图 2-48　智能对象放大效果

图 2-49　像素化图层放大效果

 **课堂实训**

## 任务一　编辑网店图标文件

### 📋 任务描述

小可是新百优电子商务有限公司美工部的一名员工，为公司制作、修改网店图标是他的日常工作之一。某天，公司领导安排小可修改一个购物车图标的 PSD 文件，要求修改后的购物车图标有良好的视觉效果。

本任务的设置目的是带领大家学习修改网店图标 PSD 文件的方法。

### 📋 任务目标

①学生能够完成图层样式中的渐变填充、透明度等效果调整。

②学生能够对指定图层进行锁定操作。

③学生能够根据步骤引导完成修改网店图标 PSD 文件的任务。

## 任务实施

⊙**步骤1** 执行"文件"|"打开"命令，打开"项目二素材"文件夹中的"任务 1"PSD 文件，PSD 文件中的图像如图 2-50 所示。

⊙**步骤2** 在"图层"面板中查看 4 个图层，如图 2-51 所示。

图 2-50　打开 PSD 文件　　　　　　　图 2-51　查看图层

⊙**步骤3** 选择"购物车 01"图层，单击"图层"面板底部的"添加图层样式"按钮，弹出列表框，选择"渐变叠加"选项，如图 2-52 所示。

⊙**步骤4** 弹出"图层样式"对话框，单击"渐变叠加"|"渐变"选项区内"渐变"右侧的渐变条，如图 2-53 所示。

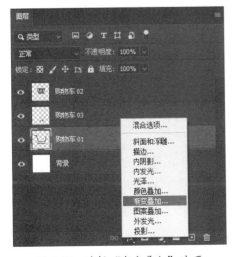

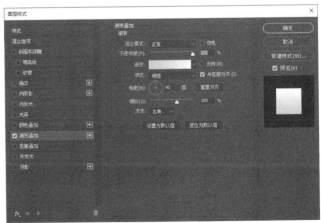

图 2-52　选择"渐变叠加"选项　　　　　图 2-53　单击渐变条

⊙**步骤5** 弹出"渐变编辑器"对话框，在"预设"列表框中，选择"橙色"选项，如图 2-54 所示。

> 步骤6 在展开的"橙色"选项中，单击选择第二个渐变颜色块"橙色_02"，如图2-55所示。

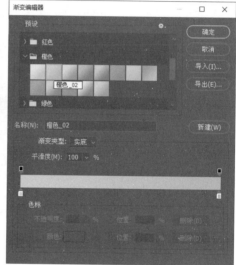

图2-54 选择"橙色"选项

图2-55 选择渐变颜色块

> 步骤7 单击下方渐变条左侧上方的颜色色标后，单击"色标"选项区内"颜色"右侧的颜色块，如图2-56所示。

> 步骤8 弹出"拾色器（色标颜色）"对话框，修改颜色参数值为"#ffc13a"，如图2-57所示。

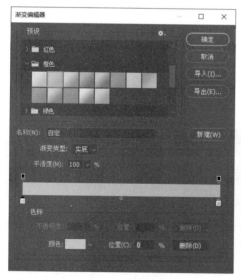

图2-56 单击颜色块

图2-57 修改颜色参数值

> 步骤9 修改完成后，单击"确定"按钮，即可更改左侧渐变颜色，并在"渐变编辑器"对话框中查看已更改的颜色效果，如图2-58所示。

⊙**步骤 10**　使用同样的方法，将右侧颜色色标的颜色参数值修改为"#f69a6c"，更改右侧渐变颜色后的颜色效果如图 2-59 所示。

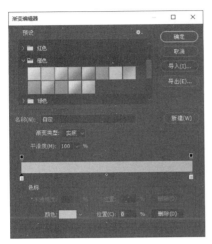
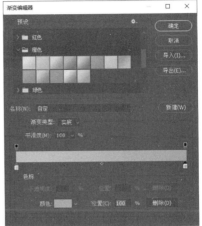

图 2-58　更改左侧渐变颜色　　　　　图 2-59　更改右侧渐变颜色

⊙**步骤 11**　依次单击"确定"按钮，关闭"渐变编辑器"对话框，完成对"渐变叠加"图层样式的添加，此时可以查看"购物车 01"的图层渐变效果，如图 2-60 所示。

⊙**步骤 12**　在"图层"面板中选择"购物车 01"图层，右击鼠标，在弹出的快捷菜单中选择"拷贝图层样式"命令，如图 2-61 所示。

图 2-60　查看渐变叠加效果　　　图 2-61　选择"拷贝图层样式"命令

⊙**步骤 13**　在"图层"面板中选择"购物车 02"图层，右击鼠标，在弹出的快捷菜单中选择"粘贴图层样式"命令，如图 2-62 所示。

⊙**步骤 14**　执行"粘贴图层样式"命令后，即可为"购物车 02"图层粘贴图层样式，并在"购物车 02"图层下方显示"渐变叠加"图层样式，如图 2-63 所示。

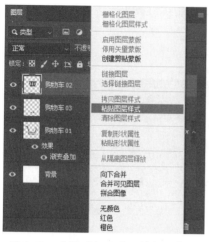

图 2-62　选择"粘贴图层样式"命令　　　　图 2-63　粘贴图层样式

⊙**步骤 15**　在图像编辑窗口中预览粘贴图层样式后的图像效果，如图 2-64 所示。

图 2-64　粘贴图层样式后的图像效果

⊙**步骤 16**　使用同样的方法，为"购物车 03"图层粘贴"渐变叠加"图层样式，其面板界面和图像效果如图 2-65 所示。

图 2-65　为"购物车 03"图层添加图层样式后的面板界面和图像效果

⊙步骤 17　在"图层"面板中选择"购物车 03"图层，按住鼠标左键并拖曳，将其移动至"购物车 01"图层的下方，其面板界面和图像效果如图 2-66 所示。

图 2-66　移动"购物车 03"图层后的面板界面和图像效果

⊙步骤 18　在"图层"面板中选择"购物车 03"图层后，单击"图层"面板底部的"创建新图层"按钮，如图 2-67 所示。

⊙步骤 19　查看新建的图层，并将新图层命名为"圆形"，如图 2-68 所示。

图 2-67　单击"创建新图层"按钮　　图 2-68　新建图层并为新图层命名

⊙步骤 20　在工具箱中，单击"前景色"颜色块，如图 2-69 所示。

⊙步骤 21　弹出"拾色器（前景色）"对话框，修改颜色参数值为"#08deeb"，单击"确定"按钮，如图 2-70 所示，更改前景色。

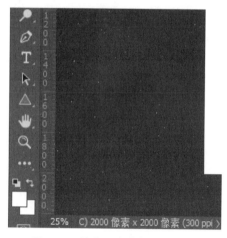

图 2-69 单击"前景色"颜色块

图 2-70 修改颜色参数值

⊙步骤 22 在工具箱中，单击"椭圆工具"按钮，如图 2-71 所示。

⊙步骤 23 在按住 Shift 键的同时按住鼠标左键并拖曳鼠标，绘制一个正圆形，正圆形的上下左右略超出边界，效果如图 2-72 所示。

图 2-71 单击"椭圆工具"按钮

图 2-72 绘制正圆形

⊙步骤 24 在"图层"面板中选择"圆形"图层，修改"不透明度"参数值为 17%，如图 2-73 所示。

⊙步骤 25 查看更改"圆形"图层不透明度参数值后的图像效果，如图 2-74 所示。

图 2-73 修改参数值

图 2-74 预览图像效果

⊙步骤 26  在"图层"面板中选择"圆形"图层，单击"锁定全部"按钮 🔒，即可锁定全部所选择图层，被锁定图层右侧显示锁定图标，如图 2-75 所示。

⊙步骤 27  在"图层"面板中，按住 Shift 键的同时选择"购物车 01"图层 、"购物车 02"图层和"购物车 03"图层共计 3 个图层后，按 Ctrl+G 快捷键创建组对象，如图 2-76 所示。

图 2-75  锁定图层

图 2-76  创建组对象

⊙步骤 28  执行"文件"|"存储为"命令，即可保存最终的图像文件。

## 任务二  完善商品主图文件

### 📋 任务描述

小可接到了公司领导布置的完善商品主图 PSD 文件的任务，公司领导希望商品主图在完善之后能有良好的视觉效果，引起潜在消费者的关注。

本任务的设置目的是带领大家学习完善商品主图 PSD 文件的方法。

### 📋 任务目标

①学生能够通过执行相应命令调整图层的亮度、渐变、不透明度等效果。

②学生能够将 Photoshop 像素化图层转换为智能对象。

③学生能够使用快捷键为 Photoshop 中的多个图层建组。

④学生能够按照步骤引导完成完善商品主图 PSD 文件的任务。

### 📋 任务实施

⊙步骤 1  执行"文件"|"打开"命令，打开"项目二素材"文件夹中的"任务 2"PSD 文件，

PSD 文件中的图像如图 2-77 所示。

> ⊙步骤2 在"图层"面板中查看文件图层，共有 3 个图层和 4 个图层组，如图 2-78 所示。

图 2-77 打开 PSD 文件

图 2-78 查看文件图层

> ⊙步骤3 在"图层"面板中展开"背景"组，选择"背景 1"图层，如图 2-79 所示。

> ⊙步骤4 单击"图层"面板底部的"添加图层样式"按钮 fx，弹出列表框，选择"颜色叠加"选项，如图 2-80 所示。

图 2-79 选择图层

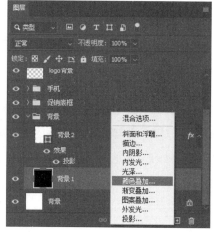

图 2-80 选择"颜色叠加"选项

> ⊙步骤5 弹出"图层样式"对话框，在"颜色叠加"|"颜色"选项区中，单击"混合模式"列表框右侧的颜色块，如图 2-81 所示。

> ⊙步骤6 弹出"拾色器（叠加颜色）"对话框，修改颜色参数值为"#0f86d6"，如图 2-82 所示。

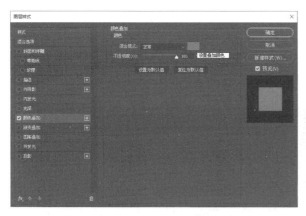

图 2-81　单击颜色块

图 2-82　修改颜色参数值

⊙ **步骤 7**　依次单击"确定"按钮，关闭"图层样式"对话框，完成对"颜色叠加"图层样式的添加，此时可以查看图像效果，如图 2-83 所示。

⊙ **步骤 8**　在"图层"面板中选择"logo 背景"图层，如图 2-84 所示。

图 2-83　添加图层样式

图 2-84　选择图层

⊙ **步骤 9**　单击"图层"面板底部的"添加图层样式"按钮，弹出列表框，选择"颜色叠加"选项，如图 2-85 所示。

⊙ **步骤 10**　弹出"图层样式"对话框，在"颜色叠加"|"颜色"选项区中，单击"混合模式"列表框右侧的颜色块，如图 2-86 所示。

⊙ **步骤 11**　弹出"拾色器（叠加颜色）"对话框，修改颜色参数值为"#0f86d6"，如图 2-87 所示。

⊙ **步骤 12**　单击"确定"按钮，返回"图层样式"对话框，勾选"样式"选项区内的"内阴影"复选框，如图 2-88 所示。

⊙ **步骤 13**　在"内阴影"选项区中单击"混合模式"列表框右侧的颜色块，弹出"拾色器（内阴影颜色）"对话框，修改颜色参数值为"#0d6abf"，如图 2-89 所示。

⊙步骤 14  单击"确定"按钮，返回"图层样式"对话框，在"内阴影"|"结构"选项区中，修改"不透明度"参数值为 75%、"距离"参数值为 5 像素、"大小"参数值为 5 像素，如图 2-90 所示。

图 2-85  选择"颜色叠加"选项

图 2-86  单击颜色块

图 2-87  修改颜色参数值

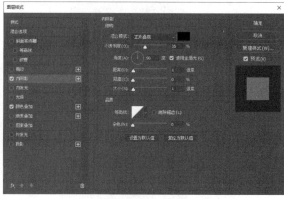

图 2-88  勾选"内阴影"复选框

图 2-89  修改颜色参数值

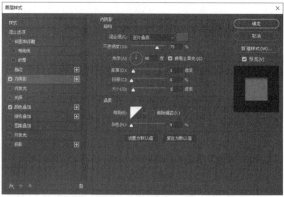

图 2-90  修改参数值

⊙ **步骤 15** 单击"确定"按钮，即可为"logo 背景"图层添加"颜色叠加"图层样式和"内阴影"
图层样式，如图 2-91 所示。

⊙ **步骤 16** 在图像编辑窗口中，可以预览添加图层样式后的图像效果，如图 2-92 所示。

图 2-91　添加图层样式　　　　　　　图 2-92　添加图层样式后的图像效果

⊙ **步骤 17** 在工具箱中单击"横排文字工具"按钮，如图 2-93 所示。

⊙ **步骤 18** 在图像编辑窗口中单击并输入文本，设置字体为"黑体"、颜色为白色、字号为 35 点，
效果如图 2-94 所示。

图 2-93　单击"横排文字工具"按钮　　图 2-94　输入文本并设置文本效果

⊙ **步骤 19** 在"图层"面板中打开"手机"组，选择"产品"图层，如图 2-95 所示。

⊙ **步骤 20** 单击"图层"面板底部的"创建新的填充或调整图层"按钮 ◓，弹出列表框，选择"曲
线"选项，如图 2-96 所示。

图 2-95　选择图层　　　　　　　　　　图 2-96　选择"曲线"选项

> **步骤 21**　新建"曲线"调整图层，并在"属性"面板中调整曲线参数，如图 2-97 所示。

> **步骤 22**　选择"曲线 1"图层，右击鼠标，在弹出的快捷菜单中选择"创建剪贴蒙版"命令，即可创建剪贴蒙版，效果如图 2-98 所示。

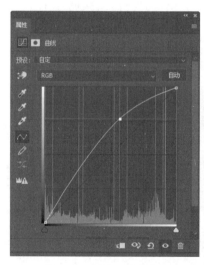

图 2-97　调整曲线参数　　　　　　　　图 2-98　创建剪贴蒙版

> **步骤 23**　选择"产品"图层，右击鼠标，在弹出的快捷菜单中选择"转换为智能对象"命令，即可将图层转换为智能对象，效果如图 2-99 所示。

> **步骤 24**　选择"促销底框"组中的"促销底框 1"图层，单击"添加图层样式"按钮 ，弹出列表框，选择"渐变叠加"命令，即可弹出"图层样式"对话框，单击该对话框"渐变叠加"|"渐变"选项区内"渐变"右侧的渐变条，如图 2-100 所示。

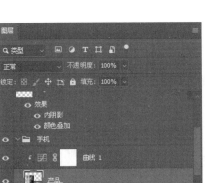
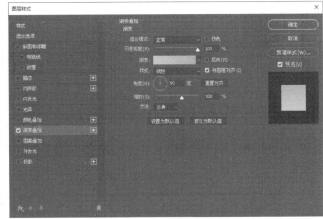

图 2-99　转换为智能对象　　　　　　　图 2-100　单击渐变条

⊙**步骤 25**　弹出"渐变编辑器"对话框，在"预设"列表框中选择"蓝色"选项后，单击"蓝色 20"颜色块，如图 2-101 所示。

⊙**步骤 26**　依次单击"确定"按钮，关闭"图层样式"对话框，即可完成为所选择的图层添加"渐变叠加"图层样式的操作，如图 2-102 所示。

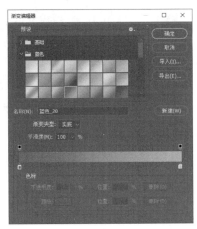

图 2-101　选择渐变色　　　　　　　图 2-102　添加图层样式

⊙**步骤 27**　在图像编辑窗口中预览为"促销底框 1"图层添加"渐变叠加"图层样式后的图像效果，如图 2-103 所示。

⊙**步骤 28**　选择"促销底框 1"图层，右击鼠标，在弹出的快捷菜单中选择"拷贝图层样式"命令，拷贝图层样式，如图 2-104 所示。

⊙**步骤 29**　选择"促销底框 2"图层，右击鼠标，在弹出的快捷菜单中选择"粘贴图层样式"命令，如图 2-105 所示。

⊙**步骤 30**　执行"粘贴图层样式"命令后，即可为选择的图层粘贴图层样式，粘贴后，"图层"面板如图 2-106 所示。

图 2-103 "渐变叠加"图像效果

图 2-104 选择"拷贝图层样式"命令

图 2-105 选择"粘贴图层样式"命令

图 2-106 粘贴图层样式后的"图层"面板

⊙步骤31 在图像编辑窗口中预览为"促销底框2"图层添加"渐变叠加"图层样式后的图像效果，如图 2-107 所示。

图 2-107 "渐变叠加"图像效果

⊙**步骤 32** 使用同样的方法，为"促销底框 3"图层复制并粘贴"渐变叠加"图层样式，粘贴后，"图层"面板和图像效果如图 2-108 所示。

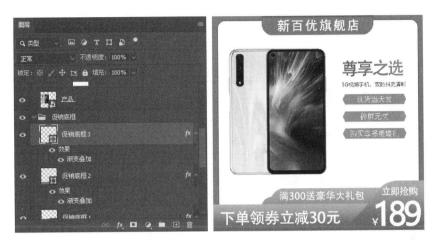

图 2-108　"图层"面板和图像效果

⊙**步骤 33** 在"图层"面板中选择"不规则背景 1"图层，单击"添加图层样式"按钮 **fx**，弹出列表框，选择"颜色叠加"选项，如图 2-109 所示。

⊙**步骤 34** 弹出"图层样式"对话框，单击"颜色叠加"|"颜色"选项区中"混合模式"列表框右侧的颜色块，如图 2-110 所示。

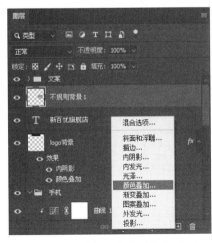

图 2-109　选择"颜色叠加"选项

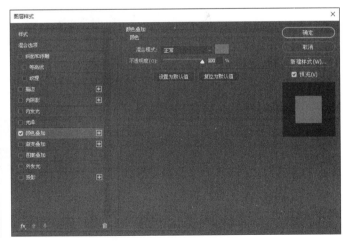

图 2-110　单击颜色块

⊙**步骤 35** 弹出"拾色器（叠加颜色）"对话框，修改颜色参数值为"#0f86d6"，如图 2-111 所示。

⊙**步骤 36** 依次单击"确定"按钮，关闭"图层样式"对话框，即可完成为所选择的图层添加"颜色叠加"图层样式的操作。随后，修改"不透明度"参数值为 40%，如图 2-112 所示。

**Photoshop** 网店图片处理实训教程

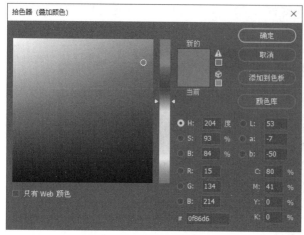 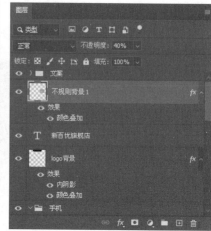

图 2-111 修改颜色参数值　　　　图 2-112 修改"不透明度"参数值

**步骤 37** 完成对图层样式和不透明度的修改，最终图像效果如图 2-113 所示。

图 2-113 最终图像效果

**步骤 38** 执行"文件"|"存储为"命令，即可保存最终的图像文件。

66

# 项目评价

## 学生自评表

表 2-1　技能自评

| 序号 | 技能点 | 达标要求 | 学生自评 | |
|---|---|---|---|---|
| | | | 达标 | 未达标 |
| 1 | 新建图层、图层组，填充图层及调整图层透明度、亮度、渐变、样式等 | 要求一：掌握在 Photoshop 中新建图层的 3 种方法<br>要求二：掌握 Photoshop 中新建图层组的两种方法<br>要求三：能够在 Photoshop 中给图层填充指定的颜色<br>要求四：能够在 Photoshop 中调整图层，改变图层的颜色或明暗<br>要求五：能够使用 Photoshop 图层样式改变图层的呈现效果 | | |
| 2 | 编辑网店图标文件 | 要求一：能够使用 Photoshop 图层样式为图层设置颜色渐变<br>要求二：能够在 Photoshop 中复制指定图层的样式并进行粘贴<br>要求三：能够修改 Photoshop 拾色器的颜色参数值并改变图层颜色<br>要求四：能够在 Photoshop 中调整图层的不透明度为指定参数值<br>要求五：能够在 Photoshop 中对指定图层进行建组 | | |
| 3 | 完善电商主图文件 | 要求一：能够使用 Photoshop 图层样式为图层添加"颜色叠加"效果<br>要求二：能够使用 Photoshop 曲线工具调整图层的明暗关系<br>要求三：能够在 Photoshop 中将指定图层转变为智能对象 | | |

表 2-2　素质自评

| 序号 | 素质点 | 达标要求 | 学生自评 | |
|---|---|---|---|---|
| | | | 达标 | 未达标 |
| 1 | 独立思考能力和创新能力 | 要求一：遇到问题能够做到独立思考与分析<br>要求二：能够找到问题的解决办法<br>要求三：具有一定的创新能力 | | |
| 2 | 信息素养和学习能力 | 要求一：遇到问题，能够基于已有信息解决问题，至少找到一些解决问题的线索和思路<br>要求二：学习能力强，能够主动学习新知识 | | |
| 3 | 独立设计能力 | 要求一：能够充分理解设计的要求和目的<br>要求二：能够按照步骤引导独立完成任务 | | |

# 教师评价表

表 2-3　技能评价

| 序号 | 技能点 | 达标要求 | 教师评价 | |
| --- | --- | --- | --- | --- |
| | | | 达标 | 未达标 |
| 1 | 新建图层、图层组，填充图层及调整图层透明度、亮度、渐变、样式等 | 要求一：掌握在 Photoshop 中新建图层的 3 种方法<br>要求二：掌握在 Photoshop 中新建图层组的两种方法<br>要求三：能够在 Photoshop 中给图层填充指定的颜色<br>要求四：能够在 Photoshop 中调整图层，改变图层的颜色或明暗<br>要求五：能够使用 Photoshop 图层样式改变图层的呈现效果 | | |
| 2 | 编辑网店图标文件 | 要求一：能够使用 Photoshop 图层样式为图层设置颜色渐变<br>要求二：能够在 Photoshop 中复制指定图层的样式并进行粘贴<br>要求三：能够修改 Photoshop 拾色器的颜色参数值并改变图层颜色<br>要求四：能够在 Photoshop 中调整图层的不透明度为指定参数值<br>要求五：能够在 Photoshop 中对指定图层进行建组 | | |
| 3 | 完善商品主图文件 | 要求一：能够使用 Photoshop 图层样式为图层添加"颜色叠加"效果<br>要求二：能够使用 Photoshop 曲线工具调整图层的明暗关系<br>要求三：能够在 Photoshop 中将指定图层转变为智能对象 | | |

表 2-4　素质评价

| 序号 | 素质点 | 达标要求 | 教师评价 | |
| --- | --- | --- | --- | --- |
| | | | 达标 | 未达标 |
| 1 | 独立思考能力和创新能力 | 要求一：遇到问题能够做到独立思考与分析<br>要求二：能够找到问题的解决办法<br>要求三：具有一定的创新能力 | | |
| 2 | 信息素养和学习能力 | 要求一：遇到问题，能够基于已有信息解决问题，至少找到一些解决问题的线索和思路<br>要求二：学习能力强，能够主动学习新知识 | | |
| 3 | 独立设计能力 | 要求一：能够充分理解设计的要求和目的<br>要求二：能够按照步骤引导独立完成任务 | | |

 课后拓展

# Photoshop 图层相关知识

### 1. 在 Photoshop 中，新建图层有什么作用？

在 Photoshop 中，一张图通常是由多个图层按照一定的组合方式自下而上叠放在一起组成的。图层就好比透明的玻璃纸，透过这张纸，我们可以看到纸后面的东西。新建图层之后，无论我们如何在新建的图层上涂画，都不会影响其他图层上的内容。

### 2. 在 Photoshop 中，为什么有时要分好多图层？

**（1）方便修改图像**

第 1 个作用是方便修改图像。假设一个图层上有 A、B、C、D 共计 4 个图像，现在需要修改 A 图像的大小（B、C、D 图像的大小保持不变），如果 4 个图像在同一图层上，这个操作是难以完成的，需要进行抠图等图像处理；如果 A、B、C、D 这 4 个图像分别在不同的图层上，则选择 A 图像所在的图层进行自由变换操作即可完成修改。

**（2）方便调整图像**

第 2 个作用是方便调整图像。假设一个图层上有 A、B、C、D 共计 4 个图像，现在需要对 A 图像进行"曲线"调整（B、C、D 图像保持不变），如果 4 个图像在同一图层上，这个操作是难以完成的，需要进行抠图或添加蒙版等图像处理；如果 A、B、C、D 这 4 个图像分别在不同的图层上，则选择 A 图像所在的图层进行"曲线"调整即可。

**（3）方便为图层编组**

第 3 个作用是方便为图层编组。假设一个主图 PSD 文件有 8 个图层，背景分为 2 个图层，产品图分为 2 个图层，文案信息分为 4 个图层，处理时可以选择 2 个背景图层进行编组，命名为"背景"，以此类推，以便对图层进行分类管理。

 **思政园地**

# 创作者如何合法合规地使用字体？

很多平面设计师和美工会在设计过程中忽略页面所用字体是否侵权的问题，近几年，有关字体侵权的新闻越来越多，且涉及的赔偿金额一个比一个大。

2020 年 11 月，南通某销售中心遇到了烦心事，因店内销售的多款商品包装上的字体涉嫌字体侵权，该销售中心被杭州贤书阁文化创意有限公司（以下简称"贤书阁公司"）诉至法院，同时被诉的还有相关商品的生产厂家。

早在 2008 年，叶根友便着手向江苏省版权局申请登记其创作的《叶根友毛笔特色字体》《叶根友行书（繁）》等作品。其后，叶根友将上述作品对外授权使用及维护著作权等事宜全权委托贤书阁公司负责。2020 年下半年，贤书阁公司发现南通某销售中心出售的一款茶叶在包装上使用了如图 2-114 所示的字样，代销的一款酒类产品在包装中使用了如图 2-115 所示的字样，贤书阁公司认为上述产品的厂家未经许可便将其代维护著作权的字体印制在产品包装上，侵害了著作权人叶根友的著作权，该销售中心作为销售者亦构成侵权，遂经公证取证，将两厂家及该销售中心诉至法院，请求判令其停止侵权，两厂家各赔偿 50000 元，该销售中心对此承担连带赔偿责任。

大红袍

图 2-114　字样（1）

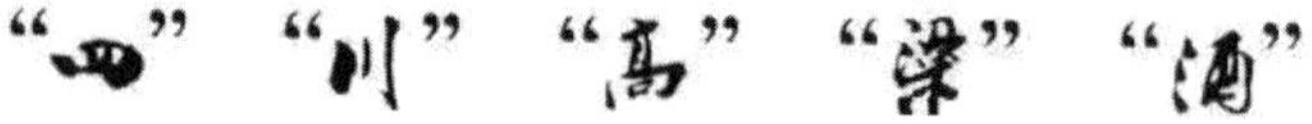

"四"　"川"　"高"　"粱"　"酒"

图 2-115　字样（2）

庭前，经法院组织调解，茶叶厂家赔偿原告 10000 元、白酒厂家赔偿原告 15000 元，原告向法院申请撤回起诉。

这个案例给予电商美工岗位从业人员一个警醒，使用版权字体前，一定要征得著作权人的许可，或与制作方明确约定产生知识产权纠纷时的责任承担方法，否则可能像本案中的被告厂家一样，为自己的侵权行为买单，或像本案中的销售中心一样，被卷入侵权案件之中。

**请针对素材中的事件，思考以下问题。**

①针对这次字体版权纠纷，你有什么看法？

②电商美工人员如何在设计工作中合法合规地使用字体？

_____

_____

_____

 **巩固练习**

## 一、选择题（单选）

1. 新建图层的快捷键是（　　）。

    A. Ctrl+Shift+N                 B. Ctrl+Shift+G

    C. Ctrl+Shift+B                 D. Ctrl+Shift+J

2. 复制图层的快捷键是（　　）。

    A. Ctrl+N                       B. Ctrl+G

    C. Ctrl+J                       D. Ctrl+H

3. 删除图层的快捷键是（　　　）。

    A. Ctrl　　　　　　　　　　　　　　　　B. Shift

    C. Alt　　　　　　　　　　　　　　　　　D. Delete

4. 锁定图层应该选择工具（　　　）。

    A. T　　　　　　　　　　　　　　　　　B. ∞

    C. 🔒　　　　　　　　　　　　　　　　　D. ⊞

5. 为图层快速建组的快捷键是（　　　）。

    A. Ctrl+N　　　　　　　　　　　　　　B. Ctrl+G

    C. Ctrl+J　　　　　　　　　　　　　　D. Ctrl+H

6. 新建图层应该选择工具（　　　）。

    A. T　　　　　　　　　　　　　　　　　B. ∞

    C. 🔒　　　　　　　　　　　　　　　　　D. ⊞

7. 智能对象的呈现图标是（　　　）。

    A. 　　　　　　　　　　　　　　　　　B.

    C. 　　　　　　　　　　　　　　　　　D.

## 二、判断题

1. 在"图层"面板菜单中选择"新建组"命令后，单击"确定"按钮，即可创建一个图层组。（　　　）

2. 调整图层透明度时，只需要调整 [不透明度：100% ⌄] 设置框中的数值即可。（　　　）

3. 选择一个图层，即可执行合并图层操作。（　　　）

4. [不透明度：100% ⌄] 用于设置图层的填充百分比，设置的数值越大，颜色越重；设置的数值越小，颜色越轻。（　　　）

5. 在需要复制的图层上按住鼠标左键并将其拖曳到"创建新图层"按钮 ⊞ 上，即可完成图层复制操作。（　　　）

## 三、简答题

请简述创建智能对象的方法及智能对象与像素化图层的区别。

_____

_____

_____

## 项目三

# 制作店铺背景图

 **项目导入**

　　一个电商店铺，从装修到运营，需要综合使用图形、图像、文字等元素，形成视觉冲击力，吸引潜在消费者的关注。在各种设计中，最重要的是对店铺背景、店招、商品主图、全屏海报等内容进行设计。想要成为合格的电商店铺美工，第一步是学习店铺背景图的视觉化设计，利用店铺背景图吸引潜在消费者，达到营销制胜的目的。电商店铺的店铺背景图效果实例如图 3-1 所示。

图 3-1　店铺背景图效果实例

　　本项目将重点介绍店铺背景图的制作方法，通过对本项目的学习，大家可以设计出吸引潜在消费者关注的店铺背景图，提升网店的流量。

 **教学目标**

### 知识目标

①学生能够举例说明移动工具、选框工具、形状工具、对齐工具、分布工具的操作方法。

②学生能够举例说明执行分布间距、自由变换、等比例缩放等命令的方法。

### 能力目标

①学生能够使用形状工具绘制图形。

②学生能够使用移动工具调整图片位置。

③学生能够通过自由变换、对齐与分布等操作优化店铺背景图。

④学生能够使用 Photoshop 中的常用工具独立制作店铺背景图。

### 素质目标

①学生具有独立思考能力和创新能力。

②学生具有独立设计能力。

③学生具有较强的理解能力和实践能力。

 **课前导学**

制作店铺背景图时，经常会用到移动工具、选框工具、形状工具、对齐工具、分布工具，以及分布间距、自由变换、等比例缩放等命令。下面将对经常用到的工具和命令进行详细介绍。

### ■ 移动工具

移动工具是 Photoshop 软件中使用频率非常高的工具之一，主要用于完成图层、选区等的移动操作。在工具箱中单击"移动工具"按钮✛，界面如图 3-2 所示。在工具选项栏中勾选"自动选择"复选框后，展开其右侧的列表框，界面如图 3-3 所示。在如图 3-3 所示的列表框中选择"图层"选项后，在图片上的任意位置单击，即可自动选择该图片及其所在的图层，并可以随意移动该图片；在如图 3-3 所示的列表框中选择"组"选项后，在图片上的任意位置单击，即可自动选择该图片所在的图层组，并可以随意移动该图层组中的图片。

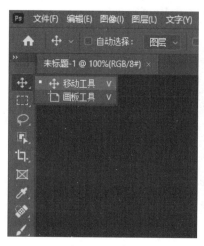
图 3-2 单击"移动工具"按钮

图 3-3 移动工具选项栏

## 选框工具

使用选框工具组中的工具，可以创建选区，比如矩形选区、椭圆选区。该工具组中包含 4 个工具，如图 3-4 所示。

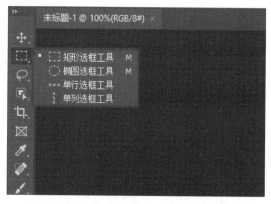
图 3-4 选框工具组

### （1）矩形选框工具和椭圆选框工具

单击工具箱中的"矩形选框工具"按钮，在图像编辑窗口中按住鼠标左键并拖曳至合适位置后释放鼠标左键，即可创建一个矩形选区，如图 3-5 所示。

在工具箱中的"矩形选框工具"按钮上右击鼠标，即可弹出选框工具组，单击"椭圆选框工具"按钮，在图像编辑窗口中按住鼠标左键并拖曳至合适位置后释放鼠标左键，即可创建一个椭圆选区，如图 3-6 所示。

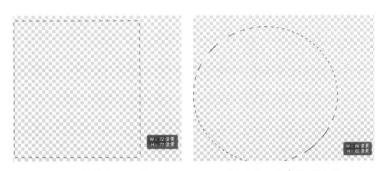

图 3-5　创建矩形选区　　　　图 3-6　创建椭圆选区

创建椭圆选区后，椭圆选框工具选项栏中出现"消除锯齿"选项，如图 3-7 所示，勾选该复选框，可以消除椭圆选区的锯齿边缘。

图 3-7　椭圆选框工具选项栏

> **提示**　使用矩形选框工具创建选区时，如果在按住鼠标左键并拖曳鼠标的同时按住 Shift 键，可创建正方形选区；按住 Alt+Shift 快捷键，可创建以起点为中心的正方形选区。
> 使用椭圆选框工具创建选区时，如果在按住鼠标左键并拖曳鼠标的同时按住 Shift 键，可创建正圆形选区；按住 Alt+Shift 快捷键，可创建以起点为中心的正圆形选区。

（2）单行选框工具和单列选框工具

在工具箱中的"矩形选框工具"按钮 ▢ 上右击鼠标，即可弹出选框工具组，单击"单行选框工具"按钮 ▢ 或"单列选框工具"按钮 ▮，在图像编辑窗口中单击，即可创建 1 个像素高度或宽度的横向或纵向选区。创建选区后，为这些选区填充颜色，可以得到水平直线或垂直直线。

## 形状工具

使用形状工具组中的工具，可以创建矩形、椭圆、多边形等各种形状。形状工具的快捷键是 U，该工具组中包含 6 种形状工具，如图 3-8 所示。

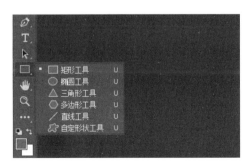

图 3-8　形状工具组

下面对各种形状工具进行详细介绍。

**（1）矩形工具**

使用矩形工具，可以在图像编辑窗口中绘制所需要的矩形。单击工具箱中的"矩形工具"按钮□，在图像编辑窗口中按住鼠标左键并拖曳至合适位置后释放鼠标左键，即可绘制一个矩形。

提示 使用矩形工具绘制形状时，可以通过设置宽度、高度和圆角参数值，绘制正方形或圆角矩形。

**（2）椭圆工具**

使用椭圆工具，可以在图像编辑窗口中绘制所需要的椭圆形。单击工具箱中的"椭圆工具"按钮○，在图像编辑窗口中按住鼠标左键并拖曳至合适位置后释放鼠标左键，即可绘制一个椭圆形。

提示 使用椭圆工具绘制形状时，可以在按住 Shift 键的同时按住鼠标左键并拖曳，绘制一个正圆形。

**（3）三角形工具**

使用三角形工具，可以在图像编辑窗口中绘制所需要的三角形。单击工具箱中的"三角形工具"按钮△，在图像编辑窗口中按住鼠标左键并拖曳至合适位置后释放鼠标左键，即可绘制一个三角形。

**（4）多边形工具**

使用多边形工具，可以在图像编辑窗口中绘制所需要的五边形、六边形等多边形。单击工具箱中的"多边形工具"按钮○，在图像编辑窗口中按住鼠标左键并拖曳至合适位置后释放鼠标左键，即可绘制一个多边形。

提示 使用多边形工具绘制形状时，可以通过设置工具选项栏中的"设置边数"参数，绘制不同边数的多边形。

**（5）直线工具**

使用直线工具，可以在图像编辑窗口中绘制直线。单击工具箱中的"直线工具"按钮／，在图像编辑窗口中按住鼠标左键并拖曳至合适位置后释放鼠标左键，即可绘制一条直线。

提示 使用直线工具绘制直线时，如果需要绘制水平直线或垂直直线，在按住 Shift 键的同时按住鼠标左键并拖曳即可。

**（6）自定形状工具**

使用自定形状工具，可以在图像编辑窗口中绘制各种形状。单击工具箱中的"自定形状工具"按钮后，在工具选项栏中单击"形状"列表选项区中的三角按钮，展开列表框，如图 3-9 所示。在列表框中选择目标形状后，在图像编辑窗口中按住鼠标左键并拖曳至合适位置后释放鼠标左键，即可绘制自定形状。

图 3-9　"形状"列表框

## 四　对齐工具

使用对齐工具，可以将两个及两个以上的图层对象以某一条参考线为基准进行对齐操作。同时选择两个或两个以上的图层对象时，对齐工具才可以使用。常见的对齐方式有左对齐、水平居中对齐、右对齐、顶对齐、垂直居中对齐、底对齐，如图 3-10 所示。

图 3-10　对齐工具

下面对各种对齐方式进行详细介绍。

（1）*左对齐*

将所选择图层中的左端像素与所有所选择图层中的最左端像素对齐，若存在选区，则与选区边界的左边对齐。

（2）*水平居中对齐*

将所有所选择图层中的水平中心像素对齐，若存在选区，则与选区边界的水平中心对齐。

（3）*右对齐*

将所选择图层中的右端像素与所有所选择图层中的最右端像素对齐，若存在选区，则与选区边界的右边对齐。

（4）*顶对齐*

将所选择图层中的顶端像素与所有所选择图层中的最顶端像素对齐，若存在选区，则与选区边界的顶部对齐。

（5）**垂直居中对齐**

将所有所选择图层中的垂直中心像素对齐，若存在选区，则与选区边界的垂直中心对齐。

（6）**底对齐**

将所选择图层中的底端像素与所有所选择图层中的最底端像素对齐，若存在选区，则与选区边界的底部对齐。

**五▶ 分布工具**

使用分布工具，可以将 3 个及 3 个以上的图层对象以某一条参考线为基准进行分布操作。同时选择 3 个或 3 个以上的图层对象时，分布工具才可以使用。常见的分布方式有按顶分布、垂直居中分布、按底分布、按左分布、水平居中分布、按右分布，如图 3-11 所示。

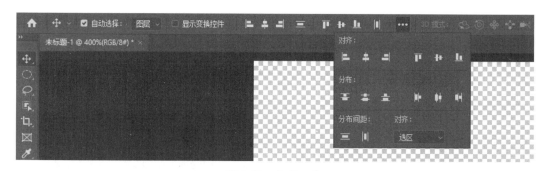

图 3-11　分布工具

下面对各种分布工具进行详细介绍。

（1）**按顶分布**

从每个图层的顶端像素开始，间隔均匀地分布图层对象。

（2）**垂直居中分布**

从每个图层的垂直中心像素开始，间隔均匀地分布图层对象。

（3）**按底分布**

从每个图层的底端像素开始，间隔均匀地分布图层对象。

（4）**按左分布**

从每个图层的左端像素开始，间隔均匀地分布图层对象。

（5）**水平居中分布**

从每个图层的水平中心像素开始，间隔均匀地分布图层对象。

（6）**按右分布**

从每个图层的右端像素开始，间隔均匀地分布图层对象。

## 六 分布间距

执行"分布间距"命令,可以将所选择的图层对象在水平方向上或垂直方向上等间隔均匀分布。同时选择 3 个或 3 个以上的图层对象时,才能执行"分布间距"命令。分布间距分为水平分布和垂直分布,如图 3-12 所示。

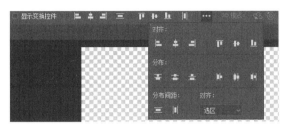

图 3-12　分布间距

下面对各种"分布间距"命令进行详细介绍。

（1）**水平分布**

在图层对象之间均匀分布水平间距。

（2）**垂直分布**

在图层对象之间均匀分布垂直间距。

## 七 自由变换

执行"自由变换"命令,可以对某个选区、图层、图层蒙版、路径、矢量形状、矢量蒙版,或者 Alpha 通道进行变形操作,包括缩放、旋转、斜切、扭曲、透视等。"自由变换"命令的快捷键是 Ctrl+T。选择目标内容,按 Ctrl+T 快捷键,即可调出变换控制框,拖动控制框上的控制点,可以对目标内容进行缩放、旋转等操作,此外,还可以在控制点上右击鼠标,在弹出的快捷菜单中选择对应的变换命令进行控制,如图 3-13 所示。

图 3-13　自由变换快捷菜单

## 八 等比例缩放

选择目标内容并进行自由变换时，可以执行"等比例缩放"命令（注意：一定要等比例缩放，才能保证目标内容在缩放过程中不变形）。在工具选项栏中，先单击"保持长宽比"按钮 ⑧ ，如图 3-14 所示，再调整 W 或者 H 的参数值，如图 3-15 所示，即可进行等比例缩放。

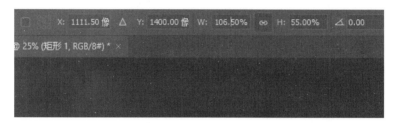

图 3-14　单击"保持长宽比"按钮

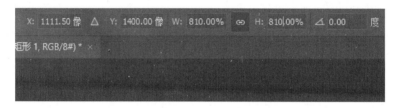

图 3-15　调整 W/H 参数值

## 课堂实训

### 任务一　制作店铺背景图

#### 📋 任务描述

电商战场的竞争日益激烈，要想让自己的店铺脱颖而出，吸引更多潜在消费者的注意力，店铺的装修设计是非常重要的。

本任务的设置目的是带领大家学习制作能吸引潜在消费者注意力的店铺背景图，其大小要求为宽度 1920 像素，高度自定。

#### 📋 任务目标

①学生能够使用形状工具绘制图形。
②学生能够使用移动工具调整图片位置。

③学生能够通过自由变换、对齐与分布等操作优化店铺背景图。

④学生能够使用 Photoshop 中的常用工具独立制作店铺背景图。

### 📑 任务实施

⊙**步骤 1** 使用 Ctrl+N 快捷键打开"新建文档"对话框，修改"宽度"为 1920 像素、"高度"为 4500 像素、"分辨率"为 72 像素 / 英寸、"颜色模式"为"RGB 颜色"后，单击"创建"按钮，如图 3-16 所示，即可新建文档。

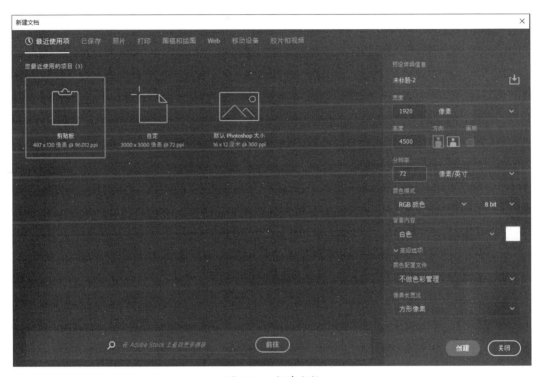

图 3-16　新建文档

⊙**步骤 2** 在工具箱中右击"矩形工具"按钮▣，弹出列表框，单击"自定形状工具"按钮⬧，如图 3-17 所示。

⊙**步骤 3** 在工具选项栏中，单击"形状"列表选项区中的三角按钮▥，弹出列表框，单击展开"花卉"选项，选择"形状 45"形状，如图 3-18 所示。

⊙**步骤 4** 在图像编辑窗口中按住鼠标左键并拖曳至合适位置后释放鼠标左键,绘制花卉形状,如图 3-19 所示。

⊙**步骤 5** 在"图层"面板中选择"形状 45"图层，将其重命名为"花卉 1"，如图 3-20 所示。

图 3-17　单击"自定形状工具"按钮

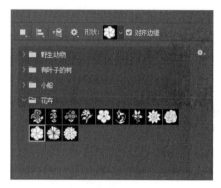

图 3-18　选择"形状 45"形状

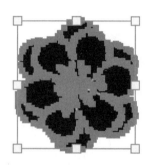

图 3-19　绘制花卉形状

图 3-20　重命名图层

⊙**步骤6**　选择"花卉 1"图层，在工具箱中单击"移动工具"按钮 ✛，将已绘制的花卉移动至合适位置，如图 3-21 所示。

⊙**步骤7**　在工具箱中单击"自定形状工具"按钮 ✿ 后，在工具选项栏中单击"填充"右侧的颜色块，弹出列表框，单击右上角的彩色块，如图 3-22 所示。

图 3-21　移动花卉

图 3-22　单击彩色块

⊙ **步骤 8** 弹出"拾色器（填充颜色）"对话框，修改颜色参数值为"#effefb"，单击"确定"
按钮，如图 3-23 所示。

⊙ **步骤 9** 查看更改填充颜色后的花卉效果，如图 3-24 所示。

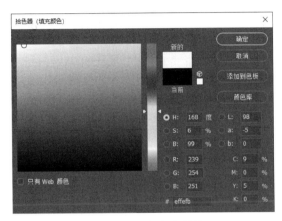
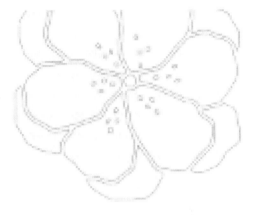

图 3-23　修改颜色参数值　　　　　　　　　图 3-24　更改填充颜色后的花卉效果

⊙ **步骤 10** 在工具箱中单击"自定形状工具"按钮 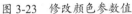 后，在工具选项栏中单击"形状"列表
选项区中的三角按钮，弹出列表框，单击展开"花卉"选项，选择"形状 48"形状，如图 3-25
所示。

⊙ **步骤 11** 在图像编辑窗口中按住鼠标左键并拖曳至合适位置后释放鼠标左键，绘制一个树
叶形状，如图 3-26 所示。

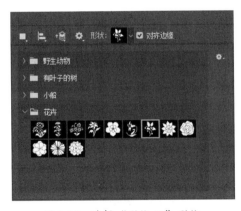
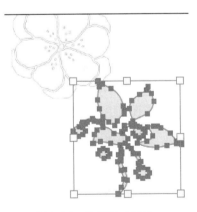

图 3-25　选择"形状 48"形状　　　　　　　图 3-26　绘制树叶形状

⊙ **步骤 12** 在"图层"面板中选择"形状 48"图层，将其重命名为"树叶 1"，如图 3-27 所示。

⊙ **步骤 13** 选择"树叶 1"图层，按住鼠标左键并拖曳，将其移动至"花卉 1"图层的下方，
调整图层顺序，如图 3-28 所示。

⊙ **步骤 14** 在图像编辑窗口中，将所绘制的树叶移动至合适位置，如图 3-29 所示。

◎**步骤 15** 选择"树叶"形状，按 Ctrl+T 快捷键调出变换控制框，通过拖曳控制点，完成自由变换操作，如图 3-30 所示。

图 3-27 重命名图层　　　　　图 3-28 调整图层顺序

图 3-29 移动树叶位置　　　　　图 3-30 自由变换

◎**步骤 16** 在"图层"面板中选择"树叶 1"图层后，右击鼠标，在弹出的快捷菜单中选择"栅格化图层"命令，如图 3-31 所示，即可栅格化图层。

◎**步骤 17** 在工具箱中单击"橡皮擦工具"按钮　后，在工具选项栏中调整橡皮擦工具的大小和硬度参数，如图 3-32 所示。

图 3-31 选择"栅格化图层"命令　　　图 3-32 调整橡皮擦工具的参数

> **步骤 18** 在图像编辑窗口中，擦除"树叶"形状中多余的部分，擦除后的效果如图 3-33 所示。

> **步骤 19** 选择"树叶 1"图层，在"图层"面板中单击"添加图层样式"按钮 A，弹出列表框后，选择"颜色叠加"命令，打开"图层样式"对话框。在"图层样式"对话框的"颜色叠加"|"颜色"选项区中单击"混合模式"列表框右侧的颜色块，如图 3-34 所示。

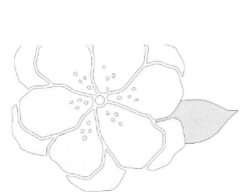

图 3-33 擦除"树叶"形状中多余的部分

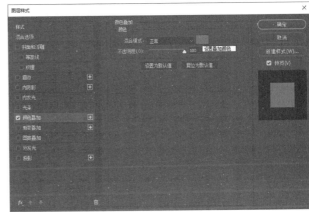

图 3-34 单击颜色块

> **步骤 20** 弹出"拾色器（叠加颜色）"对话框，修改颜色参数值为"#9ae69a"，单击"确定"按钮，如图 3-35 所示。

> **步骤 21** 依次单击"确定"按钮，完成添加颜色叠加效果的操作，其图像效果如图 3-36 所示。

图 3-35 修改颜色参数值

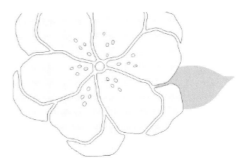

图 3-36 颜色叠加效果

> **步骤 22** 在"图层"面板中选择"树叶 1"图层，按 Ctrl+J 快捷键复制一个图层，如图 3-37 所示。

> **步骤 23** 选择"树叶 1 拷贝"图层，移动所复制的树叶至空白处，按 Ctrl+T 快捷键打开变换控制框，在按住 Shift 键的同时按住鼠标左键拖曳控制框上的控制点，完成等比例缩放操作，如图 3-38 所示。

图 3-37　复制图层

图 3-38　等比例缩放

▶ **步骤 24**　在变换控制框中右击鼠标,在弹出的快捷菜单中选择"水平翻转"命令,如图 3-39 所示。

▶ **步骤 25**　水平翻转该树叶后,将该树叶移动至合适的位置,如图 3-40 所示。

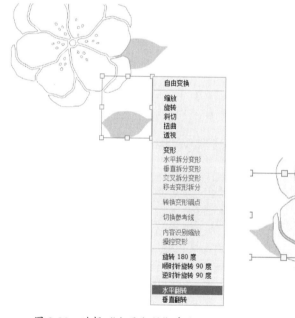

图 3-39　选择"水平翻转"命令

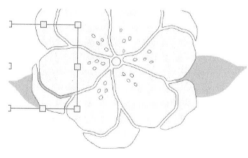

图 3-40　水平翻转并移动目标树叶

▶ **步骤 26**　在"图层"面板中同时选择"花卉 1""树叶 1""树叶 1 拷贝"3 个图层,按 Ctrl+G 快捷键,创建"组 1"图层组,如图 3-41 所示。

▶ **步骤 27**　选择"组 1"图层组,按住鼠标左键并拖曳,将组对象移动至合适位置,图像效果 如图 3-42 所示。

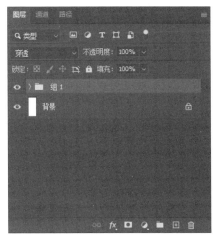

图 3-41　创建"组 1"图层组　　　　图 3-42　移动组对象

⊙**步骤 28**　选择"组 1"图层组，按 Ctrl+J 快捷键复制组对象，并在图像编辑窗口中将复制出的组对象移动至合适位置，其"图层"面板和图像效果如图 3-43 所示。

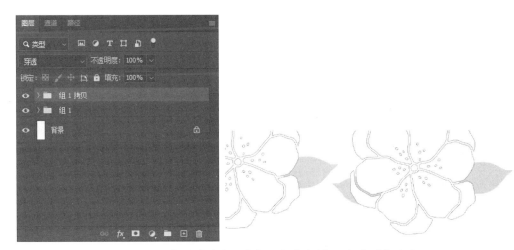

图 3-43　复制并移动组对象后的"图层"面板和图像效果

⊙**步骤 29**　选择"组 1"图层组，再次按 Ctrl+J 快捷键复制组对象，并在图像编辑窗口中将复制出的组对象移动至合适位置，其"图层"面板和图像效果如图 3-44 所示。

⊙**步骤 30**　按 Ctrl+Shift+N 快捷键，新建"图层 1"图层，并将其移动至"背景"图层上方，如图 3-45 所示。

⊙**步骤 31**　执行"编辑"|"填充"命令，为"图层 1"图层填充"#b4edd3"颜色，并调整图层位置，效果如图 3-46 所示。

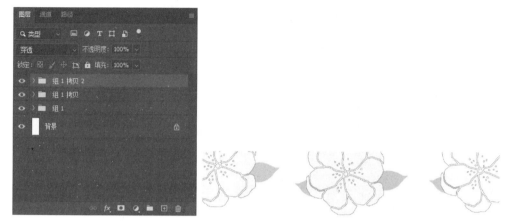

图 3-44 复制并移动组对象后的"图层"面板和图像效果

图 3-45 新建并移动图层

图 3-46 为"图层 1"图层填充颜色并调整位置

◎**步骤 32** 在"图层"面板中同时选择"组 1""组 1 拷贝""组 1 拷贝 2"3 个图层组后，在工具选项栏中单击"水平分布"按钮▮▮，以水平分布的形式排列图层内容，如图 3-47 所示。

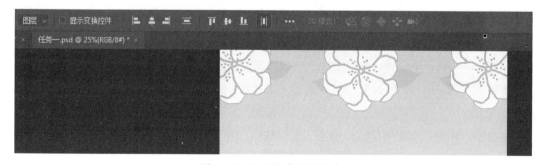

图 3-47 水平分布图层内容

◎**步骤 33** 继续同时选择 3 个图层组，按 Ctrl+G 快捷键，创建"组 2"图层组，如图 3-48 所示。

⊙**步骤 34** 选择"组 2"图层组,按 Ctrl+J 快捷键,多次复制图层组,如图 3-49 所示。

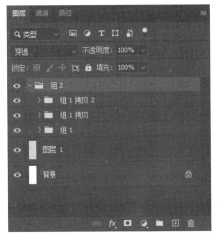
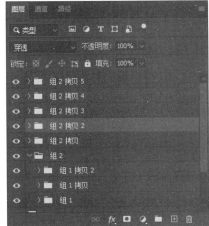

图 3-48　创建"组 2"图层组　　　图 3-49　多次复制图层组

⊙**步骤 35** 依次选择复制后的图层组,对组对象进行移动操作,如图 3-50 所示。

⊙**步骤 36** 选择所有组对象,在工具选项栏中单击"垂直居中分布"按钮,以垂直居中的形式分布图层内容,得到最终的店铺背景图,如图 3-51 所示。

图 3-50　移动组对象　　　图 3-51　垂直居中分布图层内容

⊙**步骤 37** 执行"文件"|"存储为"命令,弹出"存储为"对话框,设置保存路径和文件名后,单击"保存"按钮,即可保存图片。

## 任务二 制作店铺宣传海报背景图

### 📋 任务描述

移动工具、对齐工具的使用,以及自由变换、等比例缩放命令的执行,在 Photoshop 里是相当基础的操作,但只借助这些最基本的操作,也能完成完整的电商商用图片制作。

本任务的设置目的是带领大家学习通过使用移动工具、对齐工具,并执行自由变换、等比例缩放命令等,制作店铺宣传海报背景图,以此帮助大家掌握相关工具和命令的使用方法和技巧。

### 📋 任务目标

①在 Photoshop 中打开柠檬素材 PSD 文件。

②使用移动工具、对齐工具,并执行自由变换、等比例缩放命令,正确安排柠檬素材在店铺宣传海报背景图中的位置。

③将设计完成的店铺宣传海报背景图导出为图片。

### 📋 任务实施

⊙**步骤 1** 双击计算机桌面上的 Adobe Photoshop 2022 程序图标,启动 Photoshop 软件。

⊙**步骤 2** 执行"文件"|"打开"命令,弹出"打开"对话框,在"项目三素材"文件夹中选择"柠檬素材"与"首页海报模板"PSD 文件,如图 3-52 所示,单击"打开"按钮,即可打开选择的素材文件。

图 3-52 选择素材文件

◎**步骤 3** 切换至"首页海报模板"图像窗口，查看文件图层，可以发现目前已设计并制作了部分内容，如图 3-53 所示。

图 3-53　查看已有素材情况

◎**步骤 4** 执行"图像"|"画布大小"命令，如图 3-54 所示。

◎**步骤 5** 弹出"画布大小"对话框，如图 3-55 所示，可以发现画布的"宽度"和"高度"分别为 1920 像素和 900 像素。

图 3-54　执行"画布大小"命令

图 3-55　"画布大小"对话框

◎**步骤 6** 已知网页版店招 + 导航栏的高度为 150 像素，实际海报部分的高度只有 750 像素，因此，在工具箱中单击"矩形选框工具"按钮 ▦，在工具选项栏的"样式"列表框中选择"固定大小"选项，设置"宽度"和"高度"分别为 1920 像素与 750 像素，如图 3-56 所示。

图 3-56　设置海报的"宽度"和"高度"

> 步骤 7　执行"图层"|"新建"|"图层"命令，如图 3-57 所示。

> 步骤 8　弹出"新建图层"对话框，设置图层参数后单击"确定"按钮，如图 3-58 所示，新建空白图层。

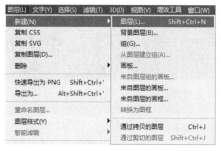

图 3-57　执行"图层"命令　　　　　　　图 3-58　设置图层参数

> 步骤 9　在图像编辑窗口中单击空白图层，显示选区后执行"编辑"|"填充"命令，弹出"填充"对话框。在"填充"对话框的"内容"列表框中选择"颜色"选项，如图 3-59 所示。

> 步骤 10　弹出"拾色器（填充颜色）"对话框，设置颜色参数值为"#25ffe8"，单击"确定"按钮，如图 3-60 所示。

图 3-59　选择"颜色"选项　　　　　　　图 3-60　设置颜色参数值

○步骤 11 继续依次单击"确定"按钮，完成填充背景色的操作，并在"图层"面板中调整新建图层的顺序，调整后的图像效果如图 3-61 所示。

图 3-61 填充图层颜色并调整图层顺序后的效果

○步骤 12 选择"柠檬素材"PSD 文件中的柠檬图层，按住鼠标左键，将其拖曳至"首页海报模板"图像窗口中，如图 3-62 所示。

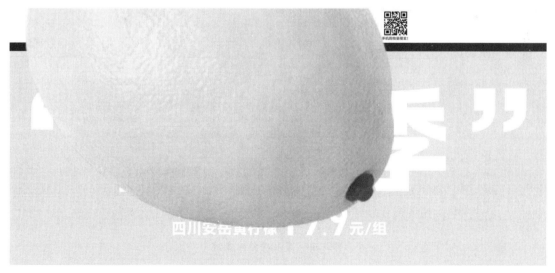

图 3-62 拖曳素材

○步骤 13 移动后的柠檬素材非常大，可以使用 Ctrl+T 快捷键调出变换控制框，等比例调整柠檬素材至合适大小，如图 3-63 所示。

图 3-63　调整素材大小

◎步骤 14　将柠檬图层复制 3 次，逐个摆放成排后选择所有柠檬图层，在移动工具选项栏中依次单击"垂直居中对齐"按钮 和"水平居中分布"按钮 ，将 4 个柠檬素材排列整齐，如图 3-64 所示。

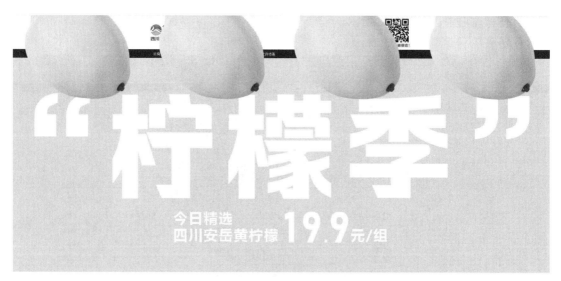

图 3-64　复制并排列素材

◎步骤 15　选择所有柠檬图层，单击"创建新组"按钮 ，将所有柠檬图层归入"组 6"图层组，并更改图层组名为"一排柠檬"，如图 3-65 所示。

◎步骤 16　选择"一排柠檬"图层组对象，按 Ctrl+J 快捷键两次，复制组对象，如图 3-66 所示。

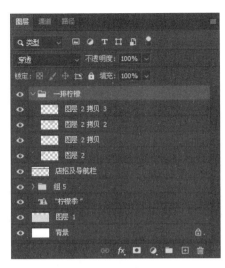
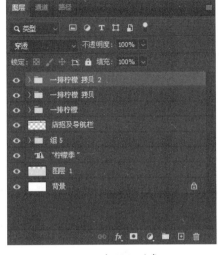

图 3-65　创建与重命名图层组　　　　　图 3-66　复制组对象

⊙**步骤 17**　先依次选择复制后的组对象，调整其位置，再选择所有柠檬图层，单击移动工具选项栏中的"垂直居中分布"按钮，以垂直居中分布的形式排列柠檬图层，如图 3-67 所示。

图 3-67　调整柠檬素材的位置

⊙**步骤 18**　在"图层"面板中调整图层及图层组的顺序，使文案与背景装饰（柠檬）呈现层叠遮挡关系，作品的最主要部分——价格与品名文案应不被遮挡，如图 3-68 所示。

⊙**步骤 19**　观察海报，发现随意填充的底色与海报其余内容的颜色不协调，可以在按住 Ctrl 键的同时单击"图层 1"图层，执行"编辑"|"填充"命令，在弹出的"填充"对话框中修改"内容"列表框中的选项为"颜色"，如图 3-69 所示。

⊙**步骤 20**　弹出"拾色器（填充颜色）"对话框，如图 3-70 所示，使用拾色器拾取柠檬上合适的颜色作为底色。

图 3-68　调整图层与图层组的顺序

图 3-69　设置内容参数

图 3-70　设置颜色

⊙步骤 21　依次单击"确定"按钮，完成更换图层的填充颜色的操作，更换填充颜色后的图像效果如图 3-71 所示。

图 3-71　更换填充颜色后的效果

> **步骤 22** 单击工具箱中的"切片工具"按钮 ![切片工具图标] ，在图像编辑窗口中按住鼠标左键并拖曳，将海报部分切出来，如图 3-72 所示。

图 3-72 创建切片效果

> **步骤 23** 执行"文件"|"导出"|"存储为 Web 所用格式"命令，如图 3-73 所示。
> **步骤 24** 弹出"存储为 Web 所用格式"对话框，设置存储格式为 JPEG 格式后，单击"存储"按钮，如图 3-74 所示。

图 3-73 执行"存储为 Web 所用格式"命令

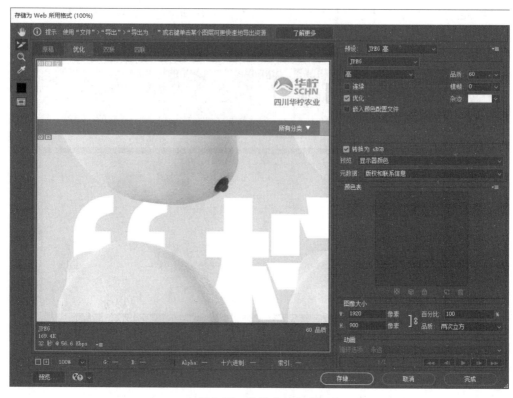

图 3-74　设置存储格式

◉步骤 25　弹出"将优化结果存储为"对话框，设置文件名和保存路径后，单击"保存"按钮，如图 3-75 所示。

图 3-75　设置文件名和保存路径

⊙**步骤 26** 完成上述操作后，即可存储店铺宣传海报背景图，并查看宣传海报背景图的最终效果，如图 3-76 所示。

图 3-76 店铺宣传海报背景图的最终效果

 # 项目评价

## 学生自评表

表 3-1 技能自评

| 序号 | 技能点 | 达标要求 | 学生自评 | |
| --- | --- | --- | --- | --- |
| | | | 达标 | 未达标 |
| 1 | 使用形状工具绘制图形 | 要求一：能够说出形状工具的 6 种类型<br>要求二：掌握 Photoshop 形状工具的快捷键使用方法 | | |
| 2 | 使用移动工具调整图片位置 | 要求一：掌握 Photoshop 移动工具的快捷键使用方法<br>要求二：能够使用 Photoshop 移动工具移动图片至指定位置 | | |
| 3 | 通过自由变换、对齐与分布等操作优化店铺背景图 | 要求一：掌握 Photoshop 自由变换快捷键的使用方法<br>要求二：能够在 Photoshop 中完成多个图形的自由变换、对齐、分布等操作 | | |
| 4 | 独立制作店铺背景图 | 要求一：能够使用 Photoshop 自定形状工具绘制指定图形<br>要求二：能够对指定图层进行栅格化处理<br>要求三：能够调整橡皮擦工具的大小，并擦除素材中不需要的部分 | | |
| 5 | 独立制作店铺宣传海报背景图 | 要求一：能够在 Photoshop 中填充背景色<br>要求二：能够在 Photoshop 中自由变换素材大小、调整素材位置<br>要求三：能够使用 Photoshop 切片工具处理海报图片 | | |

表 3-2　素质自评

| 序号 | 素质点 | 达标要求 | 学生自评 | |
|---|---|---|---|---|
| | | | 达标 | 未达标 |
| 1 | 独立思考能力和创新能力 | 要求一：遇到问题能够做到独立思考与分析<br>要求二：能够找到问题的解决办法，或提出解决思路<br>要求三：具有一定的创新能力 | | |
| 2 | 独立设计能力 | 要求一：能够充分理解设计的要求和目的<br>要求二：能够独立完成设计任务 | | |
| 3 | 较强的理解能力和实践能力 | 要求一：掌握正确的学习方法和技巧，能够完成课前自学<br>要求二：能够严格按照任务要求完成图片制作 | | |

# 教师评价表

表 3-3　技能评价

| 序号 | 技能点 | 达标要求 | 教师评价 | |
|---|---|---|---|---|
| | | | 达标 | 未达标 |
| 1 | 使用形状工具绘制图形 | 要求一：能够说出形状工具的 6 种类型<br>要求二：掌握 Photoshop 形状工具的快捷键使用方法 | | |
| 2 | 使用移动工具调整图片位置 | 要求一：掌握 Photoshop 移动工具的快捷键使用方法<br>要求二：能够使用 Photoshop 移动工具移动图片至指定位置 | | |
| 3 | 通过自由变换、对齐与分布等操作优化店铺背景图 | 要求一：掌握 Photoshop 自由变换快捷键的使用方法<br>要求二：能够在 Photoshop 中完成多个图形的自由变换、对齐、分布等操作 | | |
| 4 | 独立制作店铺背景图 | 要求一：能够使用 Photoshop 自定形状工具绘制指定图形<br>要求二：能够对指定图层进行栅格化处理<br>要求三：能够调整橡皮擦工具的大小，并擦除素材中不需要的部分 | | |
| 5 | 独立制作店铺宣传海报背景图 | 要求一：能够在 Photoshop 中填充背景色<br>要求二：能够在 Photoshop 中自由变换素材大小、调整素材位置<br>要求三：能够使用 Photoshop 切片工具处理海报图片 | | |

表 3-4　素质评价

| 序号 | 素质点 | 达标要求 | 教师评价 | |
|---|---|---|---|---|
| | | | 达标 | 未达标 |
| 1 | 独立思考能力和创新能力 | 要求一：遇到问题能够做到独立思考与分析<br>要求二：能够找到问题的解决办法，或提出解决思路<br>要求三：具有一定的创新能力 | | |
| 2 | 独立设计能力 | 要求一：能够充分理解设计的要求和目的<br>要求二：能够独立完成设计任务 | | |
| 3 | 较强的理解能力和实践能力 | 要求一：掌握正确的学习方法和技巧，能够完成课前自学<br>要求二：能够严格按照任务要求完成图片制作 | | |

## 课后拓展

# Photoshop 图形排列、图片缩放相关知识

### 1. 在 Photoshop 中，怎样将图形排列主理想的状态？

用 Photoshop 制作店铺背景图时，可以便捷地复制多个相同的图形，制作规律的、良好的视觉效果。想得到一个图形素材排列整齐的背景图时，很多人会靠肉眼判断图形素材对齐与否、排列间距是否一致，其实这种方法是不科学的。在 Photoshop 中，有对齐工具、分布工具，选择两个及两个以上的图形素材后，使用这些工具，即可迅速得到一个美观并且排列规整的背景图。

### 2. 为什么要在 Photoshop 中对图片进行等比例缩放？

（1）*不影响图片效果*

如果不对图片进行等比例缩放，缩放后的图片很可能是变形的，会降低图片的美观度。

（2）*追求好的视觉感受*

将一个经过等比例缩放的图片和一个经过非等比例缩放的图片摆放在一起，大多数人的目光会毫不犹豫地投向前者，因为前者能给人们带来更好的视觉感受，这就是等比例缩放的意义所在。

## 思政园地

# 设计师如何提升审美水平和作品美感？

通过学习和实战，小可具备了一定的平面设计能力，但是由于缺乏经验，她在设计与制作完成店铺背景图之后，没有对整体图片效果进行细节调整就上传了图片，导致制作的店铺背景图没有特色、店铺销量没有达到预期。于是，同事给小可支招，让她多去设计网站欣赏优秀的平面设计作品，提升自己的审美水平，努力设计出更优秀的作品。

采纳了同事的建议，小可搜集了一些国内外优秀的平面设计网站，比如花瓣网、Pinterest、Behance、Dribbble、DOOOOR。以花瓣网为例，用户可以把各种各样的作品放入不同的画板，并以喜欢的方式给画板命名，上传的作品大多是可以下载的高清图片。小可每日浏览网站之后，会分析优秀作品的创作思路，针对自己作品的问题进行整改、提高。通过一段时间的不懈努力，小可设计的平面作品越来越好，得到了领导和同事的一致认可。

**请针对素材中的事件，思考以下问题。**

①你认为电商美工人员应该如何提升自身的审美水平？

②你认为电商美工人员要想在快速发展的互联网时代脱颖而出，应该如何设计优秀的、合法的平面作品？

---

 巩固练习

## 一．选择题（单选）

1. 选框工具的快捷键是（　　　）。

    A. N                  B. G

    C. M                  D. U

2. 矩形工具有（　　　）类型。

    A. 5 种              B. 6 种

    C. 7 种              D. 8 种

3. 自由变换的快捷键是（　　　）。

    A. Ctrl+T          B. Ctrl+G

    C. Ctrl+H          D. Ctrl+V

4. 移动工具的快捷键是（　　　）。

    A. V                  B. G

    C. N                  D. U

5 矩形工具的快捷键是（　　　）。

    A. V                  B. G

    C. N                  D. U

6. 使用对齐工具，需要同时选择（　　　）以上的图层。

    A. 2 个             B. 3 个

    C. 4 个             D. 5 个

7. 完成等比例缩放操作的前提是将 W 和 H 进行锁定，锁定图标是（　　　）。

A.

B.

C.

D.

## 二、判断题

1. 同时选择两个图层对象，就可以进行水平居中分布操作。（　　　）

2. 选框工具一共有 4 种类型。（　　　）

3. 直接按 V 键，即可使用移动工具。（　　　）

4. 直接调整 W 和 H 的参数值，即可对目标内容进行等比例缩放。（　　　）

5. 同时选择 3 个图层，可以进行水平居中分布操作。（　　　）

6. 单击"移动工具"按钮，勾选"自动选择"复选框并在其后的列表框中选择"图层"选项后，单击图像上的任意一处，即可自动选择该图像所在图层所在的图层组，并可以随意移动该图层组。（　　　）

7. 单击"移动工具"按钮，勾选"自动选择"复选框并在其后的列表框中选择"组"选项后，单击图像上的任意一处，即可自动选择所单击的图像及其所在的图层，并可以随意移动该图像。（　　　）

## 三、简答题

如何对多个图形进行移动和排列？在排列过程中，怎样做到等间距排列？

_____

_____

_____

# 制作网店图标和店招

 ## 项目导入

　　网店图标设计和店招设计是电商店铺设计中相当重要的部分，因为网店图标和店招相当于电商店铺的"脸面"，不但位于展示店铺品牌形象的中心区域，更是店铺进行活动促销和引导潜在消费者浏览店铺的黄金位置，优秀的网店图标、店招，是店铺对自身品牌的诠释。

　　图标在电商中的应用非常广泛。人们对美、时尚、趣味和质感的不断追求，使图标设计呈现百花齐放的局面，越来越多精致、新颖、富有创造力、人性化的图标涌入大家的视野。

　　店招位于网店首页的顶端，是店铺品牌展示的窗口，其作用与线下店铺的招牌的作用相同，鲜明且有特色的店招在展示卖家形象和明确店铺产品定位方面具有不可替代的作用。

　　常见的网店图标和店招效果如图 4-1 所示。

图 4-1　常见的网店图标和店招效果

　　本项目将重点介绍为电商店铺设计有趣的网店图标和店招的方法，通过对本项目的学习，大家可以了解 Photoshop 的拾色器工具、渐变工具以及图层样式的相关知识及使用方法。

# 教学目标

## ♀ 知识目标

①学生能够举例说明几种绘图工具的设置方法与使用方法。

②学生能够举例说明拾色器工具的使用方法。

③学生能够举例说明渐变工具的使用方法。

④学生能够对不同的图层样式进行设置与应用。

## ♀ 能力目标

①学生能够使用 Photoshop 独立制作完成一个纯色填充的图标。

②学生能够使用 Photoshop 独立制作完成一个渐变填充的图标。

## ♀ 素质目标

①学生具有独立思考能力和创新能力。

②学生具有良好的信息素养和学习能力。

③学生具有独立设计和执行的能力。

# 课前导学

## ■ 拾色器工具

### 1. 认识拾色器工具

　　拾色器工具就是拾取颜色的工具，在 Photoshop 中，经常需要通过"拾色器"对话框设置颜色。打开"拾色器"对话框的方法有很多，最基本的一种是在工具箱中单击前景色色块或背景色色块，Photoshop 默认的前景色是黑色、背景色是白色，如图 4-2 所示。

图 4-2  前景色色块及背景色色块

弹出"拾色器（前景色）"对话框后，将鼠标指针移至图像编辑窗口，鼠标指针将显示为吸管工具状，如图 4-3 所示。在某一个颜色上单击鼠标，即可吸取该颜色。

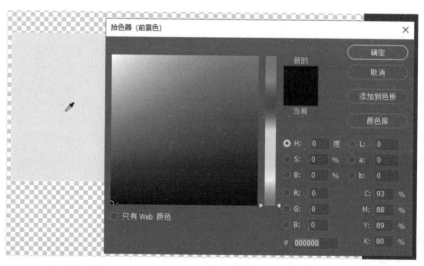

图 4-3  吸取颜色

吸取颜色后，"拾色器（前景色）"对话框中的符号"#"后面会出现一组由 6 个数字或字母组成的编号，即为所吸取颜色的色号。如果需要指定颜色，可以直接输入色号。

在"拾色器"对话框（包括前景色、背景色等有关"拾色器"的对话框）中，可以选择 HSB、RGB、Lab 和 CMYK 共计 4 种颜色模式。

### 2. "色域 / 所选颜色"选项区

在"拾色器"对话框中的"色域 / 所选颜色"选项区中，按住鼠标左键并拖曳，可以快速改变当前所选的颜色，如图 4-4 所示。

图 4-4 "色域 / 所选颜色"选项区

### 3. "新的"颜色块 / "当前"颜色块

在"拾色器"对话框中，"新的"颜色块显示的是要设置的颜色，"当前"颜色块显示的则是当前使用的颜色，如图 4-5 所示。

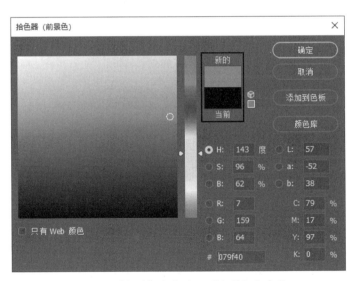

图 4-5 "新的"颜色块及"当前"颜色块

### 4. 溢色警告

HSB、RGB、Lab 颜色模式中的一些颜色在 CMYK 印刷模式中没有等同的颜色，印刷时无法准确地印出来，这些颜色就是常说的"溢色"。出现溢色警告时，可以单击溢色警告图标下面的颜色块，如图 4-6 所示，将所用颜色替换为与其最接近的 CMYK 颜色。

图 4-6　溢色警告

### 5. 非 Web 安全色警告

　　出现非 Web 安全色警告图标，说明当前所用的颜色无法在网络上准确地显示。单击 Web 安全色警告图标下面的颜色块，如图 4-7 所示，可以将所用颜色替换为与其最接近的 Web 安全色。

图 4-7　Web 安全色警告

### 6. 颜色滑块

　　在颜色滑块区中拖曳滑块，可以更改当前可选的颜色范围。在"色域 / 所选颜色"选项区和颜色滑块区中调整颜色时，颜色参数值会发生相应的变化，如图 4-8 所示。

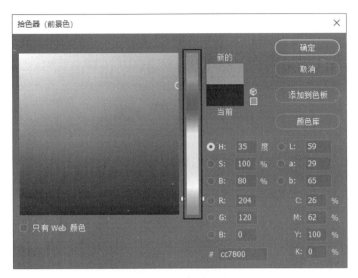

图 4-8　颜色滑块区

### 7.Web 安全色

在"拾色器"对话框中，勾选"只有 Web 颜色"复选框后，"色域 / 所选颜色"选项区中将只显示 Web 安全色，如图 4-9 所示。

图 4-9　"只有 Web 颜色"复选框

### 8. 添加到色板

执行"添加到色板"命令，可以将当前所设置的颜色添加到"色板"面板中，具体操作方法如下。

在"拾色器"对话框中单击"添加到色板"按钮，弹出"色板名称"对话框，如图 4-10 所示，修改色板名称后，单击"确定"按钮，即可完成"添加到色板"操作。

图 4-10　"色板名称"对话框

### 9. 颜色库

颜色库中包含多种色系的颜色。在"拾色器"对话框中单击"颜色库"按钮,弹出"颜色库"对话框,如图 4-11 所示,选择目标颜色后,单击"确定"按钮,即可完成选色操作。

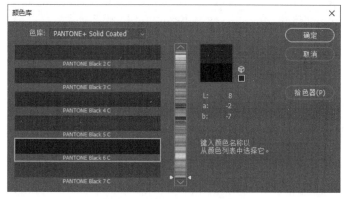

图 4-11　"颜色库"对话框

## 渐变工具

### 1. 认识渐变工具

使用渐变工具,可以制作颜色之间的渐变混合效果。在处理图片素材的过程中,我们经常需要使用渐变工具添加图层样式、改变边框颜色等。渐变工具组在工具箱中的位置如图 4-12 所示。

图 4-12　渐变工具组

### 2. 渐变预设

选择渐变工具后，出现渐变预设属性面板，如图 4-13 所示，单击"点按可编辑渐变"按钮 ，可以打开"渐变编辑器"对话框。

图 4-13  渐变预设属性面板

"渐变编辑器"对话框如图 4-14 所示。单击渐变条上的色标，色标对应的三角形变为实色三角形，表示该色标为当前选择状态，此时再次单击色标，将弹出"选择色标颜色"对话框，用以设置色标的颜色。直接双击色标对应的方形色块，在弹出的"拾色器（色标颜色）"对话框中，也可以进行颜色设置。选择需要设置颜色的色标后，移动鼠标指针至"色板"面板、渐变条或图像编辑窗口中，鼠标指针将显示为吸管状，此时单击鼠标，同样可以将鼠标指针位置的颜色设置为色标颜色。

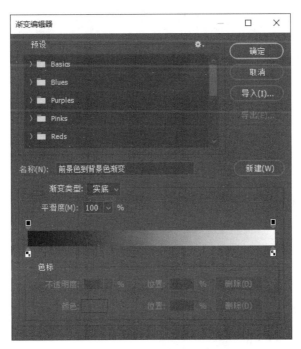

图 4-14  "渐变编辑器"对话框

选择渐变色标，按住鼠标左键并拖曳，或者在"位置"参数栏中输入一个数值，可以确定色标的位置。

在渐变条的下方单击鼠标，即可在渐变条中添加色标，并为色标设置不同的颜色，以丰富渐变效果。如果需要删除某个色标，可以选择该色标，单击颜色列表框右侧的"删除"按钮，或直接将色标拖出渐变条。如果需要给渐变添加透明效果，可以通过添加不透明度色标进行效果控制。

完成对渐变颜色的设置后，在"名称"文本框中输入渐变名称，单击"新建"按钮，即可将渐

变条中的渐变样式添加到渐变列表框中。单击"确定"按钮退出渐变编辑器,即可完成渐变预设。

### 3. 套用渐变预设样式

"渐变编辑器"对话框中的"预设"列表框中包含多个渐变预设,如图 4-15 所示。展开渐变预设选项,会出现很多软件自带的渐变样式,帮助用户快速完成对渐变色彩的制作,提高操作效率。在任意一个渐变样式上单击,即可将其设置为当前使用的渐变样式。

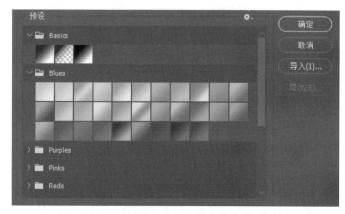

图 4-15 "预设"列表框

在任意一个渐变样式上右键鼠标,会弹出如图 4-16 所示的快捷菜单,对渐变样式进行管理。选择"导入渐变"命令,会弹出"载入"对话框,如图 4-17 所示,选择需要的渐变样式,单击"载入"按钮,即可导入目标渐变样式。

图 4-16 快捷菜单

图 4-17 "载入"对话框

### 4. 渐变的应用

选择渐变预设样式后,在图像编辑窗口中按住鼠标左键并拖曳,可以选择不同的角度添加渐变效果,如图 4-18 所示。

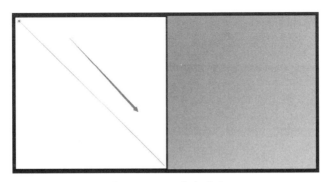

图 4-18　添加渐变效果

## 图层样式

设置图层样式，可以为图层添加各种类型的样式，如投影、浮雕、发光等，丰富画面的视觉效果。在 Photoshop 中，除了"背景"图层，不管是普通图层、文字图层、形状图层，还是各种调整图层，都可以添加图层样式。下面对图层样式的相关知识进行详细介绍。

### 1."图层样式"面板

执行"图层"|"图层样式"命令后，在弹出的子菜单中选择任意一个图层样式命令，如图 4-19 所示，或者在"图层"面板中单击"图层样式"按钮，在弹出的列表框中选择任意一个图层样式命令，如图 4-20 所示，可以打开"图层样式"对话框。

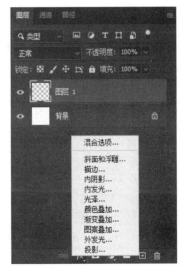

图 4-19　"图层样式"子菜单　　　　图 4-20　"图层样式"列表框

"图层样式"对话框如图 4-21 所示。

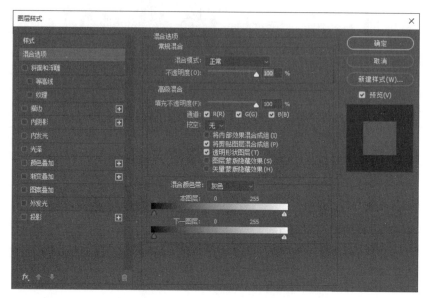

图 4-21  "图层样式"对话框

在"图层样式"对话框中，左边一栏是效果列表，中间用于设置各种效果的参数，右边的小窗口是所设置图层样式的预览窗口。

除了 10 种默认的图层样式，"图层样式"对话框中还有系统预设的选项"样式"。在"图层样式"对话框中单击"样式"选项，会出现很多预设样式供选择，如图 4-22 所示，单击目标样式，即可将其应用于图层。

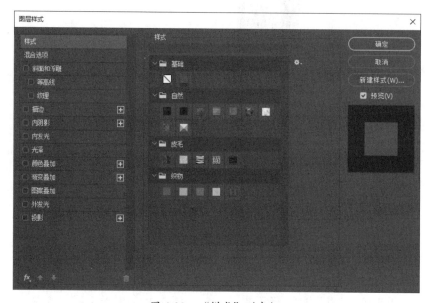

图 4-22  "样式"列表框

### 2. 图层样式的选择与设置

"图层样式"对话框中有 10 种默认的图层样式，使用后能够使当前图层获得不同光照、阴影、颜色填充、斜面、浮雕等特殊效果。勾选目标图层样式对应的复选框，图层样式所在的色条颜色发生变化，即可进入所选图层样式的属性选项区，如图 4-23 所示。

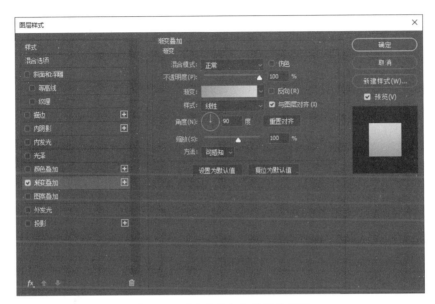

图 4-23 "渐变叠加"属性选项区

下面对 10 种默认的图层样式的效果进行详细介绍。

（1）斜面和浮雕

模拟浮雕效果，包括"外斜面""内斜面""浮雕效果""枕状浮雕"和"描边浮雕"5 种浮雕样式，选择不同的选项，可以为当前图层中的图像添加不同的浮雕效果。在"斜面和浮雕"选项卡中，有两个子选项，其中，勾选"等高线"对应的复选框可以为对象在转折处添加更多的明暗变化，得到特殊的浮雕效果；勾选"纹理"对应的复选框可以为对象的浮雕效果添加指定的图案。

（2）描边

为当前图层中的图像添加描边效果，该描边可以是纯色的，也可以是图像或是渐变色。

（3）内阴影

为当前图层中的图像添加内阴影效果，使图像内部产生色彩变化。

（4）内发光

在当前图层中，使图像边缘的内部产生发光效果。

（5）光泽

在当前图层中的图像内部应用阴影，与图像的形状互相作用，通常用于创建规则波浪形状，产

生光滑的磨光效果及金属效果。

**（6）颜色叠加**

在当前图层的上方覆盖一种颜色，可以对颜色设置不同的混合模式及透明度。

**（7）渐变叠加**

在当前图层的上方覆盖一种渐变色，制作渐变填充效果。在"渐变叠加"属性选项区中单击渐变条，即可打开"渐变编辑器"对话框，对渐变颜色进行手动调整。

**（8）图案叠加**

在当前图层的上方覆盖不同的图案。

**（9）外发光**

在当前图层中，使图像边缘的外部产生发光效果。

**（10）投影**

为当前图层中的图像添加阴影效果，用户可以根据需要在参数设置区中设置具体的参数。

这 10 种图层样式的属性选项区中，有一些多次出现的选项，下面介绍这些选项的作用。

①混合模式：用于设置不同的混合模式。

②色彩样本：用于修改阴影、发光、斜面等的颜色。

③不透明度：减小其值，将产生透明效果。参数值为 0，代表添加的效果为透明；参数值为 100，代表添加的效果不透明。

④角度：用于控制光源的方向。

⑤使用全局光：用于控制阴影、发光、浮雕等图层样式的光照效果。勾选"使用全局光"复选框，添加的阴影、发光等效果使用相同的光照方向；在某效果下取消勾选"使用全局光"复选框，可单独调整该效果的光照方向，而不影响其他效果的光照方向。

⑥距离：用于确定图像和效果之间的距离。

⑦扩展：主要用于"投影"图层样式和"外发光"图层样式，从图像的边缘向外扩展效果。

⑧大小：用于确定效果的影响程度，以及从图像边缘收缩的程度。

**3. 图层样式的应用**

勾选目标图层样式对应的复选框后，调整图层样式的属性，单击"确定"按钮，即可完成对图层样式的应用。如图 4-24 所示，为应用"图案叠加"图层样式后的图层效果。

**4. 图层样式的撤销**

如果不想添加图层样式了，在有图层样式的图层上右击鼠标，在弹出的快捷菜单中选择"清除图层样式"命令即可，如图 4-25 所示。

图 4-24　应用"图案叠加"图层样式后的图层效果　　图 4-25　选择"清除图层样式"命令

## 四　店招尺寸

电商店铺大多分为手机端呈现和网页端呈现两种呈现方式。网页端电商店铺的店招大多选用以下两种尺寸，一种宽度是 950 像素、高度是 120 像素，另一种宽度是 1920 像素、高度不限，具体使用哪种尺寸的店招，跟我们选择的旺铺属性有关。

先看看自己的旺铺是什么版本的。打开店铺页面，任何一个页面都可以，在页脚处可以看到旺铺的版本。

基础版本的旺铺，页头的高度是 150 像素，店招的高度是 120 像素、宽度是 950 像素（这些都是默认的，用户可以进行自定义，修改尺寸）。想要实现全屏效果，需要自定义代码。不懂代码的话，可以直接用白色背景，也会有全屏效果。网页端店招图片使用位置如图 4-26 所示，网页端店招图片高度尺寸设置界面如图 4-27 所示。

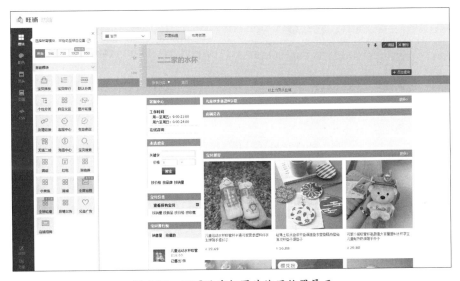

图 4-26　网页端店招图片使用位置展示

图 4-27　网页端店招图片高度尺寸设置界面

专业版本和智能版本的旺铺，店招大多是全屏效果，宽度是 1920 像素，高度视具体内容确定。只要显示器小于 21 寸，该尺寸的店招就是全屏效果，如果显示器尺寸超过 21 寸，则会在两边出现白色边框。

手机端电商店铺没有店招模块的概念，通常情况下会使用图文模块或营销互动类模块作为呈现在店铺界面最上面的模块，这类模块中的图片宽度多为 1200 像素、高度多为 120 像素~2000 像素。进入手机端店铺装修界面，选择目标区域，上传图片，即可设置"店招"，如图 4-28 所示。

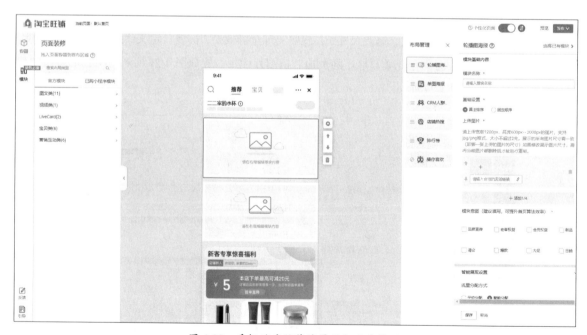

图 4-28　手机端店铺装修界面与尺寸展示

课堂实训

任务一 制作纯色填充的图标

📋 任务描述

通过对收集的图标进行观察、分析、构思，小琪决定为好友的电商店铺设计并制作一个纯色填充的图标。

本任务的设置目的是带领大家学习制作纯色填充的电商图标的方法。

📋 任务目标

①学生能够使用拾色器工具设置填充颜色。

②学生能够区别几种形状工具的使用方法。

③学生能够使用钢笔工具绘制形状。

④学生能够使用 Photoshop 独立制作完成一个纯色填充的电商图标。

📋 任务实施

⊙步骤1 双击计算机桌面上的 Adobe Photoshop 2022 程序图标，启动 Photoshop 软件。

⊙步骤2 执行"文件"|"新建"命令，弹出"新建文档"对话框，修改"宽度"和"高度"均为 1000 像素、"分辨率"为 72 像素/英寸、"颜色模式"为"RGB 颜色"，修改文件名为"纯色填充图标"，如图 4-29 所示，单击"创建"按钮，新建一个文档。

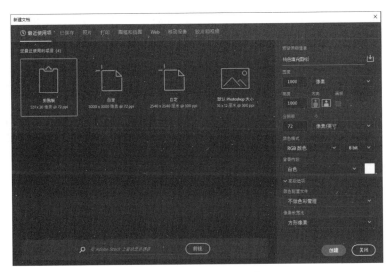

图 4-29　修改新建文档的参数

⊙**步骤3** 在工具箱中单击"椭圆工具"按钮 ◯，如图 4-30 所示。

⊙**步骤4** 在工具选项栏中设置形状参数为纯色填充（填充颜色为"#8dc9c5"）、无描边，如图 4-31 所示。

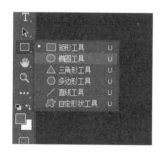

图 4-30　单击"椭圆工具"按钮

图 4-31　设置椭圆形状参数

⊙**步骤5** 在图像编辑窗口中按住鼠标左键并拖曳，绘制一个椭圆形状，如图 4-32 所示，并在工具选项栏中修改 W 和 H 均为 832 像素。

⊙**步骤6** 选择"椭圆 1"图层，按 Ctrl+J 快捷键复制图层，得到"椭圆 1 拷贝"图层，如图 4-33 所示。

图 4-32　绘制椭圆形状

图 4-33　复制图层

⊙**步骤7** 双击"椭圆 1 拷贝"图层，弹出"拾色器（纯色）"对话框，修改颜色参数值为"#ffffff"，单击"确定"按钮，如图 4-34 所示，即可更改"椭圆 1 拷贝"图层的颜色，其图像效果如图 4-35 所示。

图 4-34 修改颜色参数值

图 4-35 更改颜色后的效果

⊙**步骤8** 选择"椭圆 1 拷贝"图层，在工具箱中单击"椭圆工具"按钮 后，在工具选项栏中修改 W 和 H 参数均为 779 像素，调整"椭圆 1 拷贝"图层中椭圆形状的大小，如图 4-36 所示。

⊙**步骤9** 同时选择"椭圆 1"图层和"椭圆 1 拷贝"图层，在工具箱中单击"移动工具"按钮 后，在工具选项栏中依次单击"水平居中对齐"按钮 和"垂直居中对齐"按钮 ，调整"椭圆 1 拷贝"图层中椭圆形状的位置，调整后的图像如图 4-37 所示。

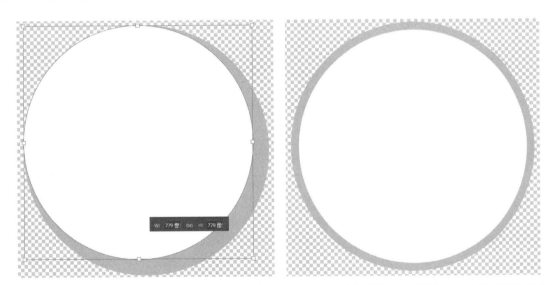

图 4-36 调整"椭圆 1 拷贝"图层中椭圆形状的大小　图 4-37 调整"椭圆 1 拷贝"图层中椭圆形状的位置

⊙**步骤10** 继续选择"椭圆 1"图层，按 Ctrl+J 快捷键，复制图层，得到"椭圆 1 拷贝 2"图层，并将该图层拖曳至图层列表最上方，如图 4-38 所示。

⊙**步骤11** 选择"椭圆 1 拷贝 2"图层，在工具箱中单击"椭圆工具"按钮 后，在工具选项栏中修改 W 和 H 参数均为 645 像素，如图 4-39 所示。

图 4-38 复制并移动图层位置

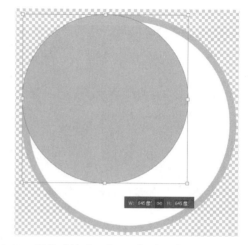

图 4-39 调整"椭圆 1 拷贝 2"图层中椭圆形状的大小

> 步骤 12 同时选择"椭圆 1"图层、"椭圆 1 拷贝"图层和"椭圆 1 拷贝 2"图层，在工具箱中单击"移动工具"按钮 ⊕ 后，在工具选项栏中依次单击"水平居中对齐"按钮 ▮ 和"垂直居中对齐"按钮 ▮，调整"椭圆 1 拷贝 2"图层中椭圆形状的位置，调整后的图像如图 4-40 所示。

> 步骤 13 在工具箱中单击"钢笔工具"按钮 ⌀ 后，在工具选项栏中设置形状参数为纯色填充（填充颜色为"#d4b250"）、无描边，随后在图像编辑窗口中绘制纸箱侧面，如图 4-41 所示。

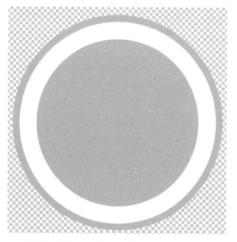

图 4-40 调整"椭圆 1 拷贝 2"图层中椭圆形状的位置

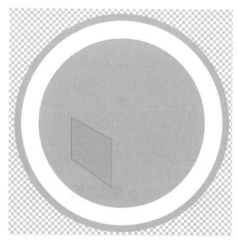

图 4-41 绘制纸箱侧面

> 步骤 14 在"图层"面板下方的空白处单击鼠标，取消对"形状 1"图层的选择，随后在工具选项栏中设置形状参数为纯色填充（填充颜色为"#ac842b"）、无描边，继续使用钢笔工具在图像编辑窗口中绘制纸箱颜色较深的侧面，如图 4-42 所示。

> 步骤 15 在"图层"面板下方的空白处单击鼠标，取消对"形状 2"图层的选择，随后在工具选项栏中设置形状参数为纯色填充（填充颜色为"#e2c770"）、无描边，继续使用钢笔工具在

图像编辑窗口中绘制纸箱的顶面，如图 4-43 所示。

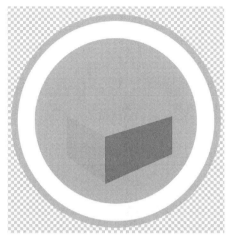

图 4-42　继续绘制纸箱侧面

图 4-43　绘制纸箱顶面

　　⊙**步骤 16**　在"图层"面板下方的空白处单击鼠标，取消对"形状 3"图层的选择，随后在工具选项栏中设置形状参数为纯色填充（填充颜色为"#ffffff"）、无描边，继续使用钢笔工具在图像编辑窗口中绘制纸箱上的贴条，如图 4-44 所示。

　　⊙**步骤 17**　在"图层"面板下方的空白处单击鼠标，取消对"形状 4"图层的选择，随后在工具选项栏中设置形状参数为纯色填充（填充颜色为"#ffffff"）、无描边，继续使用钢笔工具在图像编辑窗口中绘制向下的箭头，如图 4-45 所示。

图 4-44　绘制纸箱上的贴条

图 4-45　绘制向下的箭头

　　⊙**步骤 18**　在"图层"面板中选择"形状 5"图层，按 3 次 Ctrl+J 快捷键，复制 3 个"形状 5"图层（此时图层重合），如图 4-46 所示。

⊙步骤19 依次选择复制出的向下的箭头形状，使用移动工具调整它们的位置，使最终排列效果如图 4-47 所示。

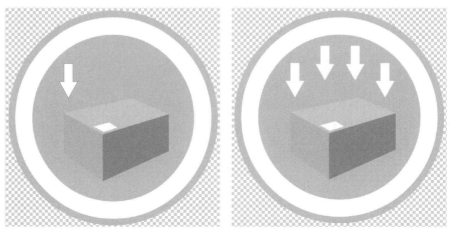

图 4-46 复制向下的箭头　　　　　图 4-47 排列向下的箭头

⊙步骤20 按 Ctrl+S 快捷键，即可保存文件。执行"文件"|"导出"|"导出为"命令，弹出"导出为"对话框，如图 4-48 所示，依次调整"画布大小"参数值和"格式"参数后，单击"导出"按钮，即可将图像导出为 PNG 格式的文件。

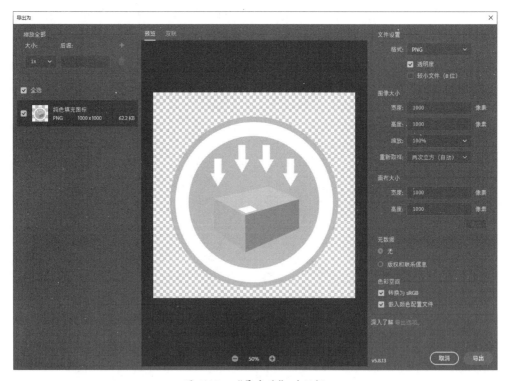

图 4-48 "导出为"对话框

## 任务二　制作渐变填充的图标

### 任务描述

小琪为好友设计并制作了纯色填充的电商图标，但好友看过后觉得纯色填充的图标没有特色，希望小琪能再帮忙设计并制作一个渐变填充的图标。

本任务的设置目的是带领大家学习制作渐变填充的电商图标的方法。

### 任务目标

①学生能够使用矩形工具绘制圆角矩形。

②学生能够通过设置图层样式，为图层添加渐变效果。

③学生能够使用 Photoshop 独立制作完成一个渐变填充的电商图标。

### 任务实施

⊙ **步骤1**　双击计算机桌面上的 Adobe Photoshop 2022 程序图标，启动 Photoshop 软件。

⊙ **步骤2**　执行"文件"|"新建"命令，弹出"新建文档"对话框，修改"宽度"和"高度"均为 1000 像素、"分辨率"为 72 像素/英寸、"颜色模式"为"RGB 颜色"，修改文件名为"渐变填充图标"，如图 4-49 所示，单击"创建"按钮，新建一个文档。

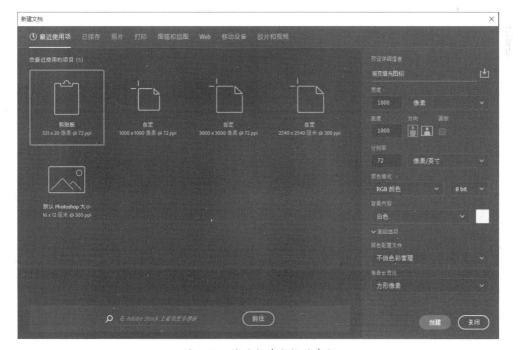

图 4-49　修改新建文档的参数

⊙**步骤3** 在工具箱中单击"矩形工具"按钮■后，在工具选项栏中修改 W 和 H 均为 600 像素、四周半径为 30 像素，随后，在图像编辑窗口中按住鼠标左键并拖曳，绘制一个圆角矩形形状，如图 4-50 所示。

⊙**步骤4** 在工具箱中单击"移动工具"按钮✛后，在工具选项栏中依次单击"水平居中对齐"按钮╫和"垂直居中对齐"按钮╪，调整圆角矩形的位置，如图 4-51 所示。

图 4-50　绘制圆角矩形形状　　　　　　图 4-51　调整圆角矩形的位置

⊙**步骤5** 在"图层"面板中选择"矩形 1"图层，按 Ctrl+J 快捷键复制图层，得到"矩形 1 拷贝"图层，如图 4-52 所示。

⊙**步骤6** 在"图层"面板中双击"矩形 1 拷贝"图层，弹出"图层样式"对话框，勾选"渐变叠加"复选框后，在"渐变叠加"|"渐变"选项区内单击"渐变"右侧的渐变条，如图 4-53 所示。

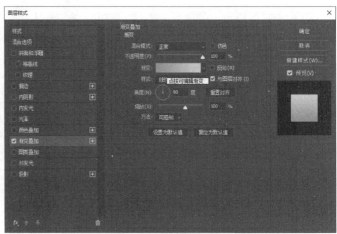

图 4-52　复制图层　　　　　　　　　　图 4-53　单击渐变条

⊙**步骤7** 弹出"渐变编辑器"对话框，在"预设"列表框中单击展开"橙色"选项，选择第 3 个渐变样式，单击"确定"按钮，如图 4-54 所示。

⊙**步骤8** 返回"图层样式"对话框，单击"确定"按钮，即可为所选择的图层添加"渐变叠加"图层样式，其图像效果如图 4-55 所示。

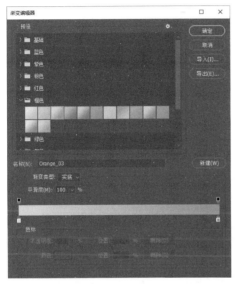 

图 4-54 选择渐变样式　　　　　　　　图 4-55 添加图层样式后的效果

⊙**步骤9** 在"图层"面板中选择"矩形 1 拷贝"图层，右击鼠标，在弹出的快捷菜单中选择"转换为智能对象"命令，如图 4-56 所示。

⊙**步骤10** 执行"转换为智能对象"命令后，即可将"矩形 1 拷贝"图层转换为智能对象，如图 4-57 所示。

图 4-56 选择"转换为智能对象"命令　　　　图 4-57 转换为智能对象

◎步骤 11　执行"滤镜"|"像素化"命令，在弹出的子菜单中选择"马赛克"滤镜，如图 4-58 所示。

◎步骤 12　弹出"马赛克"对话框，修改"单元格大小"为 85 方形，单击"确定"按钮，如图 4-59 所示。

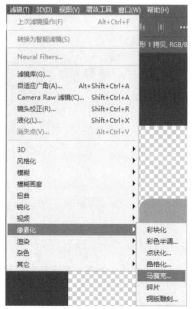

图 4-58　选择"马赛克"滤镜

图 4-59　修改参数值

◎步骤 13　查看添加"马赛克"滤镜后的效果，如图 4-60 所示。

◎步骤 14　选择"矩形 1 拷贝"图层，右击鼠标，在弹出的快捷菜单中选择"创建剪贴蒙版"命令，如图 4-61 所示。

图 4-60　添加滤镜后的效果

图 4-61　选择"创建剪贴蒙版"命令

◎ **步骤 15**　查看为图层创建剪贴蒙版后的效果，如图 4-62 所示。

◎ **步骤 16**　选择"矩形 1 拷贝"图层，按 Ctrl+T 快捷键调出变换控制框，在工具选项栏中单击"保持长宽比"按钮 ∞ 后，修改 W 参数值为"150.00%"，如图 4-63 所示。

图 4-62　创建剪贴蒙版后的效果　　　　图 4-63　变换图像大小

◎ **步骤 17**　在工具箱中单击"椭圆工具"按钮 ◯ 后，在工具选项栏中设置"椭圆 1"的形状参数为无填充、无描边，随后，在图像编辑窗口中按住鼠标左键并拖曳，绘制一个宽度和高度均为 450 像素的圆形，如图 4-64 所示。

◎ **步骤 18**　在"图层"面板中双击"椭圆 1"图层，弹出"图层样式"对话框，勾选"渐变叠加"复选框后，在"渐变叠加"|"渐变"选项区内修改渐变颜色和角度参数，如图 4-65 所示。

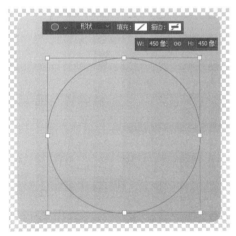
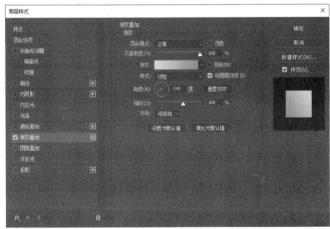

图 4-64　绘制圆形　　　　　　　图 4-65　修改渐变参数

◎ **步骤 19**　在"图层样式"对话框中勾选"投影"复选框后，在"投影"选项区内修改各参数，如图 4-66 所示。

◎步骤20  修改完成后，单击"确定"按钮，即可为"椭圆1"形状添加图层样式，效果如图4-67所示。

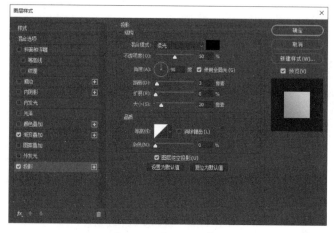

图4-66  修改投影参数

图4-67  添加图层样式后的效果

◎步骤21  在工具箱中单击"椭圆工具"按钮 后，在工具选项栏中设置"椭圆2"的形状参数为白色填充、无描边，随后，在图像编辑窗口中按住鼠标左键并拖曳，绘制一个宽度和高度均为400像素的圆形，并调整其位置，如图4-68所示。

◎步骤22  在工具箱中单击"自定形状工具"按钮 后，在工具选项栏中单击"形状"列表选项区中的三角按钮 ，展开列表框，单击设置按钮 ，选择"导入形状"命令，如图4-69所示。

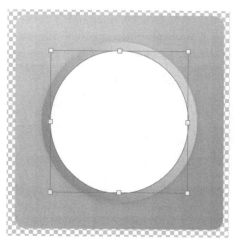

图4-68  绘制圆形

图4-69  选择"导入形状"命令

◎步骤23  弹出"载入"对话框，选择"0022"形状，单击"载入"按钮，如图4-70所示。

◎步骤24  导入形状后，在"0022"列表框中选择"headphones"客服头像，如图4-71所示。

图 4-70　导入形状

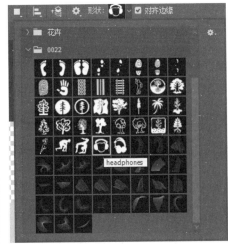

图 4-71　选择"headphones"客服头像

⊙**步骤 25**　在工具选项栏中设置属性参数为"形状",单击展开"填充"列表框后,单击"渐变"按钮,进入"渐变"列表框,选择渐变颜色,如图 4-72 所示。

⊙**步骤 26**　在图像编辑窗口中按住鼠标左键并拖曳,绘制一个客服头像,如图 4-73 所示。

图 4-72　选择渐变颜色

图 4-73　绘制客服头像

⊙**步骤 27**　在"图层"面板中双击"headphones 1"图层,弹出"图层样式"对话框,勾选"内阴影"复选框后,在"内阴影"选项区中修改各参数,如图 4-74 所示。

⊙**步骤 28**　修改完成后,单击"确定"按钮,即可为客服头像添加"内阴影"图层样式,效果如图 4-75 所示。

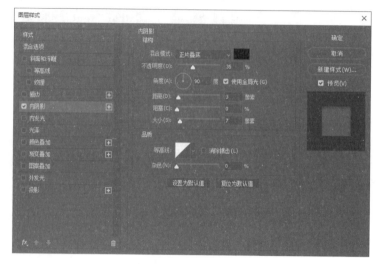

图 4-74  修改内阴影参数

图 4-75  添加图层样式后的效果

⊙步骤 29  在"图层"面板中，单击"背景"图层对应的眼睛图标 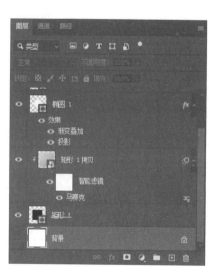，隐藏"背景"图层，如图 4-76
所示。

⊙步骤 30  按 Ctrl+S 快捷键，即可保存文件。随后，执行"文件"|"导出"|"导出为"命令，
如图 4-77 所示。

图 4-76  隐藏"背景"图层

图 4-77  执行"导出为"命令

⊙**步骤 31** 弹出"导出为"对话框，依次调整"画布大小"参数值和"格式"参数后，单击"导出"按钮，如图 4-78 所示，即可将图像导出为 PNG 格式的文件。

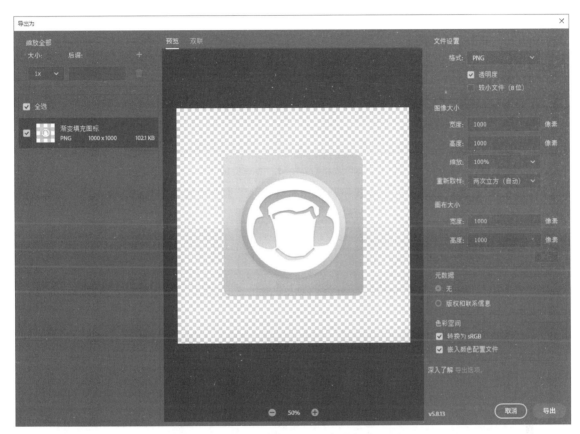

图 4-78　导出 PNG 格式的文件

## 任务三 制作网店的店招

### 📑 任务描述

小吴很好地完成了制作优惠券的任务，部门总监认为小吴具备很高的专业素养。店铺大促临近，全店策划了一个营销活动，但负责人只完成了对店铺导航与首页轮播海报的制作就被抽调去做其他事情了，于是部门总监安排小吴完成对网店店招的制作，要求店招中必须包含 LOGO、中文广告语"选择使你不同"、英文广告语"Make you different"，以及一个"满 100 元减 20 元"的优惠券、一个"无门槛减 5 元"的优惠券。

本任务的设置目的是带领大家学习制作网店店招的方法。

## 📋 任务目标

①使用 Photoshop 新建店招文件。

②使用文字工具制作店铺导航栏。

③使用文字工具输入优惠券信息，并通过设置图层样式，完成对优惠券的美化。

④保存店招图片。

## 📋 任务实施

▷ **步骤1** 双击计算机桌面上的 Adobe Photoshop 2022 程序图标，启动 Photoshop 软件。

▷ **步骤2** 执行"文件"|"打开"命令，弹出"打开"对话框，在"项目四素材"文件夹中选择"店招源文件"素材，单击"打开"按钮，打开素材文件，素材内容如图 4-79 所示。

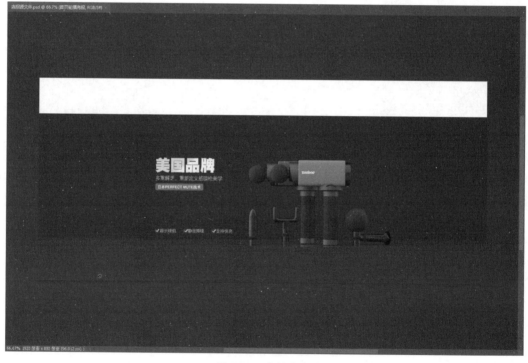

图 4-79 素材内容

▷ **步骤3** 已知网店店招 + 导航栏高度为 150 像素，宽度可以为无限宽，但实际有效区域为 950 像素。按 Ctrl+Shift+N 快捷键，新建"图层 1"图层，在工具箱中单击"矩形选框工具"按钮 ▣后，在工具选项栏中设置"样式"为"固定大小"、"宽度"为"950 像素"、"高度"为"150 像素"，在图像编辑窗口中创建矩形选区，如图 4-80 所示。

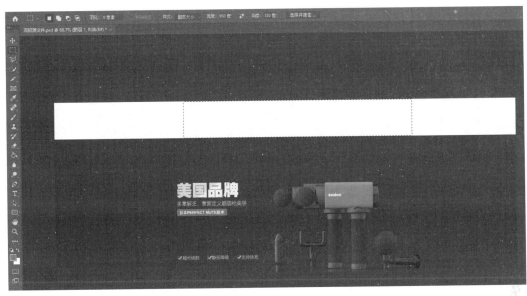

图 4-80　创建矩形选区

⊙**步骤 4**　执行"编辑"|"填充"命令，弹出"填充"对话框，在"内容"列表框中选择"50%
灰色"颜色块，单击"确定"按钮，填充选区，效果如图 4-81 所示。

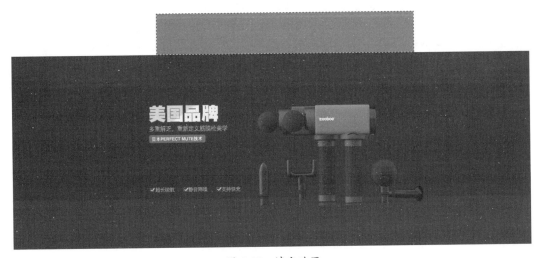

图 4-81　填充选区

⊙**步骤 5**　在"图层"面板中同时选择"图层 1"图层和"背景"图层，在工具箱中单击"移动工
具"按钮 ➕ 后，在工具选项栏中依次单击"顶对齐"按钮 ▥ 与"水平居中对齐"按钮 ▥，对齐素材，
效果如图 4-82 所示。

图 4-82　对齐素材

⊙步骤6　按 Ctrl+R 快捷键调出标尺后，在标尺上按住鼠标左键并拖曳，依次添加辅助线，使多条辅助线分别与已填充颜色的图层中的色块边缘对齐，如图 4-83 所示。

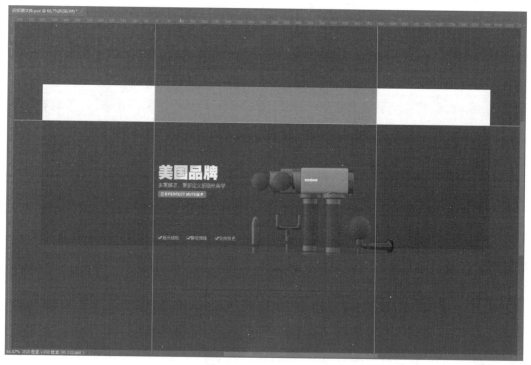

图 4-83　添加辅助线

⊙步骤7　执行"文件"|"打开"命令，弹出"打开"对话框，在"项目四素材"文件夹中选择"店招 LOGO 文件"素材，单击"打开"按钮，打开素材文件，素材内容如图 4-84 所示。

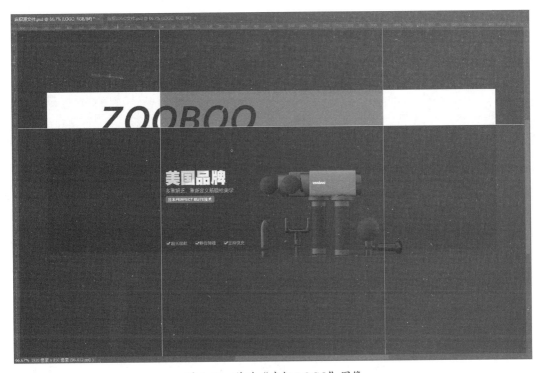

图 4-84　素材内容

⊙**步骤 8**　单击"移动工具"按钮 ✛，拖曳"店招 LOGO 文件"图像窗口中的"店招 LOGO"图像至"店招源文件"图像窗口中，如图 4-85 所示。

图 4-85　移动"店招 LOGO"图像

⊙**步骤 9**　单击"图层"面板底部的"创建新组"按钮，创建图层组并重命名该图层组为"导航栏"，如图 4-86 所示。

⊙**步骤10** 选择"导航栏"组，单击"图层"面板底部的"创建新图层"按钮▣，新建"图层2"图层，如图4-87所示。

图 4-86　创建并重命名图层组　　　　　图 4-87　创建新图层

⊙**步骤11**　在工具箱中单击"矩形选框工具"按钮▣，因为已知网页端店铺首页的导航栏固定高度为30像素、宽度可以自定，所以根据实际情况在工具选项栏中设置"样式"为"固定大小"、"宽度"为"1920像素"、"高度"为"30像素"，设置完成后，在图像编辑窗口中创建矩形选区，如图4-88所示。

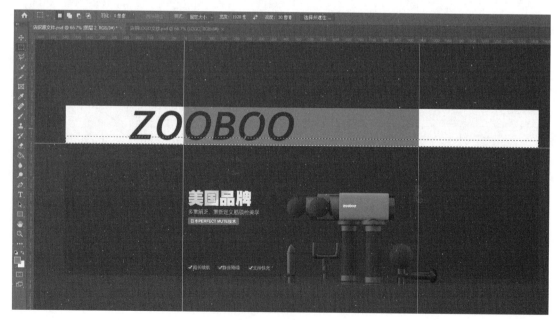

图 4-88　创建矩形选区

⊙步骤12 执行"编辑"|"填充"命令，弹出"填充"对话框，在"内容"列表框中选择"黑色"颜色块，单击"确定"按钮，填充导航栏选区，效果如图4-89所示。

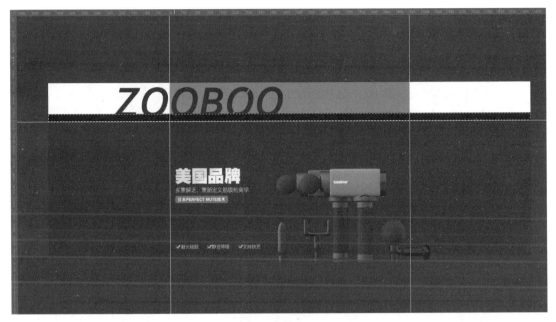

图4-89 填充导航栏选区

⊙步骤13 选择"图层2"图层，调整导航栏位置，使之与辅助线对齐并居中，如图4-90所示。

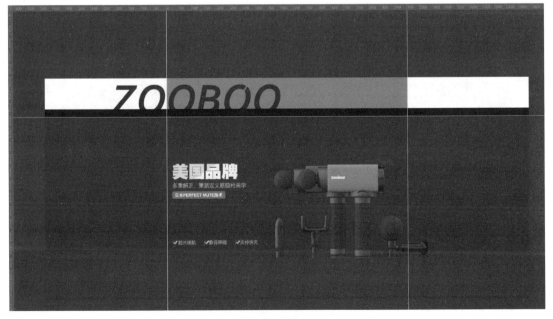

图4-90 调整导航栏位置

◎**步骤14** 单击"横排文字工具"按钮█，输入导航栏文字内容"首页所有产品健身器材拳击器械传统武术折扣区"，如图 4-91 所示。

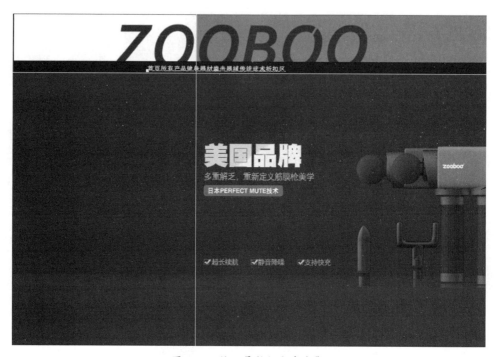

图 4-91 输入导航栏文字内容

◎**步骤15** 在工具选项栏中单击"切换字符和段落面板"按钮█，弹出"字符"面板，修改字体为"Microsoft YaHei UI"，字号为"10 点"，字间距为"140"，并在文字内容中的不同词组间添加空格与符号进行分隔，完成设置后的图像效果如图 4-92 所示。

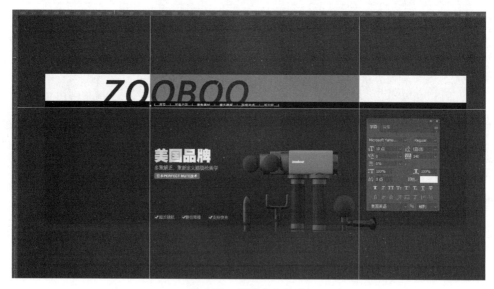

图 4-92 设置文本格式

⊙**步骤 16** 单击"图层"面板底部的"创建新组"按钮▣，创建图层组并重命名该图层组为"店招"，随后，将"LOGO"图层拖曳至"店招"图层组内，如图 4-93 所示。

⊙**步骤 17** 选择"LOGO"图层，按 Ctrl+T 快捷键，调出变换控制框，调整 LOGO 大小，并将其移动至店招中偏右、上下居中的位置，如图 4-94 所示。

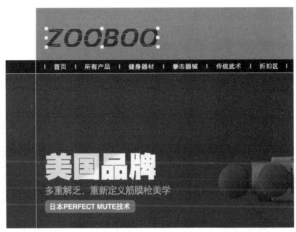

图 4-93　创建图层组并拖曳图层　　　图 4-94　调整 LOGO 的大小和位置

⊙**步骤 18** 单击"横排文字工具"按钮▣，输入中英文广告语"选择使你不同"及"Make you different"，修改字体为"微软雅黑"、字号为"12 点"、行间距为"14.6"、字间距为"100"，并单独调整英文部分字体样式为"加粗"、字体颜色为"#ff0000"，调整完成后的图像效果如图 4-95 所示（因"图层 1"的填充色与英文广告语的字体颜色相近，在"图层 1"图层未隐藏的情况下，英文广告语难以看清）。

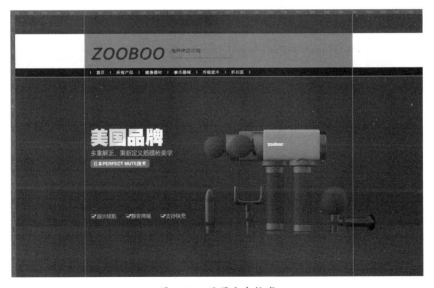

图 4-95　设置文本格式

**步骤 19** 单击"图层"面板底部的"创建新组"按钮，创建图层组并重命名该图层组为"优惠券一"，随后，将"优惠券一"图层组拖曳至"店招"图层组内，如图 4-96 所示。

**步骤 20** 单击"矩形工具"按钮后，在工具选项栏中修改宽度为"160 像素"、高度为"60 像素"、圆角半径为"5 像素"、"填充颜色"参数值为"#202020"，随后，在图像编辑窗口中绘制圆角矩形，如图 4-97 所示。

图 4-96　创建并拖曳图层组

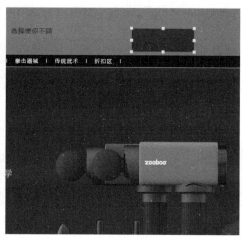
图 4-97　绘制圆角矩形

**步骤 21** 单击"横排文字工具"按钮，输入优惠券一文案"满 100 元使用点击领取→"，修改字体为"微软雅黑"、字号为"10 点"、行间距为"12"、字间距为"40"，并将光标定位在"使用"后，按 Enter 键将后续文字下移一行，效果如图 4-98 所示。

图 4-98　输入优惠券文案并调整文本效果

**步骤 22** 新建图层，单击"矩形选框工具"按钮，修改"样式"为"固定大小"，创建一个宽度为"1 像素"、高度为"42 像素"的矩形选区，并为选区填充白色，如图 4-99 所示。

图 4-99　添加矩形选区

142

◎步骤 23　单击"横排文字工具"按钮■，输入文本"20"，修改字体为"impact"、字号为"28 点"、行间距为"自动"、字间距为"0"，修改完成后的图像效果如图 4-100 所示。

图 4-100　添加金额文本并设置文本格式

◎步骤 24　同时选择"20"文字图层、"满 100 元使用点击领取→"文字图层、"图层 3"图层和"矩形 1"图层后，在移动工具选项栏中单击"水平居中对齐"按钮■，水平居中对齐"优惠券一"图层组中的所有元素，如图 4-101 所示。

图 4-101　调整"优惠券一"图层组中所有元素的位置

◎步骤 25　因为优惠券略显单调，所以进行进一步设计。新建图层，单击"矩形选框工具"按钮■，修改"样式"为"固定大小"，创建一个宽度为 14 像素、高度为 12 像素的矩形选区，并为选区填充"#202020"颜色，效果如图 4-102 所示。

图 4-102　添加矩形选区

◎步骤 26　单击"横排文字工具"按钮■，输入文本"元"，修改字体为"微软雅黑"、字号为"6 点"、行间距为"自动"，修改完成后的图像效果如图 4-103 所示。

图 4-103　添加文本并设置文本格式

⊙步骤 27　继续优化优惠券设计。新建图层，单击"椭圆选框工具"按钮 ，修改"样式"为
"固定大小"，创建一个直径为 5 像素的圆形选区，并为圆形选区填充白色，如图 4-104 所示。

图 4-104　添加圆形选区

⊙步骤 28　选择"优惠券一"图层组，按 Ctrl+J 快捷键复制组对象，并将图层组副本重命名为
"优惠券二"，如图 4-105 所示。

⊙步骤 29　选择"优惠券二"图层组，在按住 Shift 键的同时按住鼠标左键并拖曳，将"优惠
券二"图层组中的组对象向右移动至合适位置，如图 4-106 所示。

图 4-105　复制"优惠券一"图层组并重命名

图 4-106　移动"优惠券二"图层组

⊙**步骤 30** 修改"优惠券二"文本内容为"无门槛使用点击领取→",并将优惠券金额"20"
修改为"05",如图 4-107 所示。

图 4-107 修改文本内容

⊙**步骤 31** 同时选择"优惠券二"图层组"优惠券一"图层组和中英文广告语图层、LOGO 图层,
单击"水平居中对齐"按钮，调整所有元素在店招图片中的位置关系，直至满意。随后，隐藏"图
层 1"图层，即可查看整体店招效果，如图 4-108 所示。

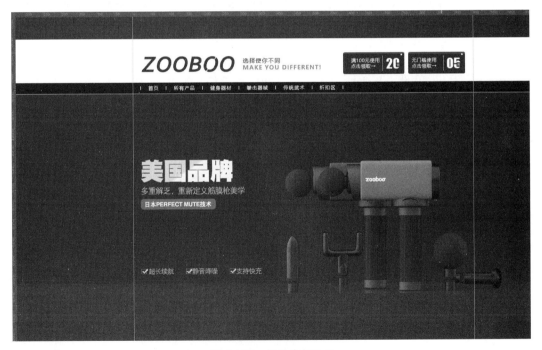

图 4-108 整体店招效果

⊙**步骤 32** 单击工具箱中的"切片工具"按钮，在图像编辑窗口中按住鼠标左键并拖曳，
将海报部分切出来，如图 4-109 所示。

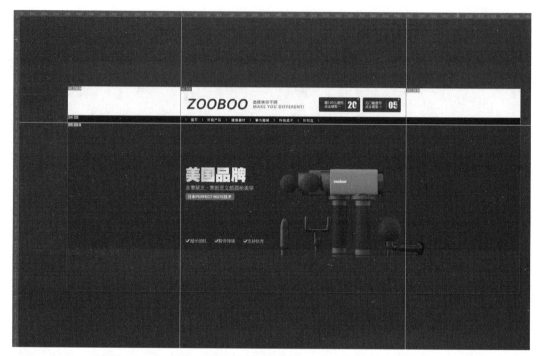

图 4-109　创建切片效果

◎步骤33　执行"文件"|"导出"|"存储为 Web 所用格式"命令，如图 4-110 所示。

◎步骤34　弹出"存储为 Web 所用格式"对话框，修改格式为 JPEG 格式后，单击"存储"按钮，如图 4-111 所示。

图 4-110　执行"存储为 Web 所用格式"命令　　　　图 4-111　设置存储格式

**步骤35** 弹出"将优化结果存储为"对话框，设置文件名和保存路径后单击"保存"按钮，如图 4-112 所示。

图 4-112　设置文件名和保存路径

**步骤36** 完成以上操作，即可保存店招图片，并查看店招图片的最终效果，如图 4-113 所示。

图 4-113　店招图片最终效果

 # 项目评价

## 学生自评表

表 4-1　技能自评

| 序号 | 技能点 | 达标要求 | 学生自评 | |
|---|---|---|---|---|
| | | | 达标 | 未达标 |
| 1 | 制作纯色填充的电商图标 | 要求一：掌握在 Photoshop 中新建文件的方法<br>要求二：能够使用拾色器工具设置填充颜色<br>要求三：能够区别几种形状工具的使用方法<br>要求四：能够使用钢笔工具绘制形状<br>要求五：能够按要求正确导出文件 | | |

（续表）

| 序号 | 技能点 | 达标要求 | 学生自评 | |
|---|---|---|---|---|
| | | | 达标 | 未达标 |
| 2 | 制作渐变填充的电商图标 | 要求一：能够使用矩形工具绘制圆角矩形<br>要求二：能够通过设置图层样式，为图层添加渐变效果<br>要求三：能够按要求正确导出文件 | | |
| 3 | 制作网店的店招 | 要求一：掌握矩形选区的创建方法<br>要求二：掌握填充颜色的操作方法<br>要求三：掌握添加文本的操作方法 | | |

表 4-2　素质自评

| 序号 | 素质点 | 达标要求 | 学生自评 | |
|---|---|---|---|---|
| | | | 达标 | 未达标 |
| 1 | 独立思考能力和创新能力 | 要求一：遇到问题能够做到独立思考与分析<br>要求二：能够找到问题的解决方法，或提出解决思路<br>要求三：具有一定的创新能力 | | |
| 2 | 信息素养和学习能力 | 要求一：遇到问题，能够基于已有信息解决问题，至少找到一些解决问题的线索和思路<br>要求二：学习能力强，能够主动学习新知识 | | |
| 3 | 独立设计和执行的能力 | 要求一：能够按照要求，独立完成设计<br>要求二：具有一定的执行能力 | | |

# 教师评价表

表 4-3　技能评价

| 序号 | 技能点 | 达标要求 | 教师评价 | |
|---|---|---|---|---|
| | | | 达标 | 未达标 |
| 1 | 制作纯色填充的电商图标 | 要求一：掌握在 Photoshop 中新建文件的方法<br>要求二：能够使用拾色器工具设置填充颜色<br>要求三：能够区别几种形状工具的使用方法<br>要求四：能够使用钢笔工具绘制形状<br>要求五：能够按要求正确导出文件 | | |
| 2 | 制作渐变填充的电商图标 | 要求一：能够使用矩形工具绘制圆角矩形<br>要求二：能够通过设置图层样式，为图层添加渐变效果<br>要求三：能够按要求正确导出文件 | | |
| 3 | 制作网店的店招 | 要求一：掌握矩形选区的创建方法<br>要求二：掌握填充颜色的操作方法<br>要求三：掌握添加文本的操作方法 | | |

表 4-4　素质评价

| 序号 | 素质点 | 达标要求 | 教师评价 | |
|---|---|---|---|---|
| | | | 达标 | 未达标 |
| 1 | 独立思考能力和创新能力 | 要求一：遇到问题能够做到独立思考与分析<br>要求二：能够找到问题的解决方法，或提出解决思路<br>要求三：具有一定的创新能力 | | |
| 2 | 信息素养和学习能力 | 要求一：遇到问题，能够基于已有信息解决问题，至少找到一些解决问题的线索和思路<br>要求二：学习能力强，能够主动学习新知识 | | |
| 3 | 独立设计和执行的能力 | 要求一：能够按照要求，独立完成设计<br>要求二：具有一定的执行能力 | | |

## 课后拓展

# 图标相关知识

### 1. 什么是图标？

图标是具有明确的指代含义的计算机图形。根据功能，可以将图标分为应用图标和功能图标两大类，分别介绍如下。

#### （1）应用图标

应用图标可以以手机中的 App 图标为例，点击即可进入 App，这种图标一般与企业形象相关。

#### （2）功能图标

功能图标在用户进入 App 后起着非常重要的作用，几乎所有 App 中都有各种各样的功能图标。功能图标的作用是替代文字或者辅助文字来引导用户进行操作，要做到比文字更加直观、易懂、易记，并符合用户的认知习惯。设计功能图标时，除了必须满足功能性要求，设计师还要利用图标的设计感和风格统一性优化界面视觉效果，进而提升用户的满意度。

### 2. 好用的图标库

#### （1）阿里巴巴矢量图标库

阿里巴巴矢量图标库是一个包含大量原创图标，涉及电商、旅游、家居、生活等多个主题的高清矢量图标库，用户可以以目标颜色、主题等为关键词在其中进行搜索。

阿里巴巴矢量图标库中的图标种类丰富，用户在寻找合适图标的同时，还有可能被激发创作灵感。比如，搜索"电商"，用户可以看到以电商为主题，以互联网、计算机、购物袋、购物车为主要元素的图标，包括但不限于线性图标和平面图标，在满足需求的同时丰富设计经验。

（2）Canva 可画在线设计平台

Canva 可画在线设计平台是一个致力于帮助用户简化设计步骤、提高创作效率的在线设计平台。在该平台的素材库中搜索"图标"，可以得到大量高清的图标模板，用户可以在编辑界面更改图标模板的颜色或替换素材，更有设计自主性。

除了图标模板，该平台的素材库内还有海量免费的海报、banner、主图、优惠券等模板，涵盖中国风、蒸汽波风、孟菲斯风、宣传画风、港风、扁平风等设计风格，以及百种中文字体和千万张版权图片等设计素材。

 **思政园地**

# 1 个 LOGO，多处侵权！个人作品遭企业抄袭

原告陈彪设计并创作了美术作品《海豚图形》（作品主体为深蓝色、浅蓝色、黄色三只海豚），并于 2011 年 2 月 27 日在深圳数字作品备案中心对该作品进行了备案。作为陈彪的代表作品之一，《海豚图形》具有一定的知名度。

2019 年 1 月，陈彪发现被告福州趣乐互动科技有限公司（以下简称趣乐公司）未经他许可，擅自将他创作的《海豚图形》美术作品稍做修改后，作为企业形象，大量使用在企业的两个官方网站、微信公众号、游戏软件上，以及宣传广告等由该企业主导的经营和宣传活动中。陈彪认为被告未征得他同意，也未联系他以获得该美术作品的授权许可便自行使用，更未支付相应的授权使用费，侵犯了他就其作品享有的署名权、修改权、保护作品完整权、复制权、信息网络传播权等应当由著作权人享有的权利，因此诉至福州市马尾区人民法院（以下简称马尾法院），要求被告停止侵权、赔偿经济损失 60000 元，并在《福州晚报》上刊登声明赔礼道歉、消除影响等。

经审理，马尾法院认为，陈彪提交的《海豚图形》美术作品创作步骤图体现了作者独特的创作意图和构思，图案整体具有美感及独创性，属于被著作权法保护的美术作品；陈彪提交的原创作品备案证书等证据，则可以证明陈彪是涉案作品的著作权人，且该美术作品创作完成于 2011 年 2 月 27 日之前；趣乐公司公开使用的标识和陈彪享有著作权的《海豚图形》中的图案基本一致，如图 4-114 所示，视觉效果相差无几，故可以认定趣乐公司使

图 4-114 《海豚图形》美术作品与趣乐公司使用的标识

用的标识与陈彪的作品存在实质性相似。

综上，马尾法院认为趣乐公司使用的标识抄袭了陈彪的《海豚图形》美术作品，并未经陈彪许可在经营中使用，构成对陈彪的著作权的侵害，对陈彪主张趣乐公司停止侵权行为及赔偿损失的诉求予以支持。综合考虑陈彪作品的类型、知名度，以及被诉侵权行为的性质、趣乐公司的经营规模等因素，结合陈彪为制止侵权行为支出的合理维权费用，依法酌定趣乐公司赔偿陈彪经济损失及合理维权费用共计 20000 元。

**请针对素材中的事件，思考以下问题。**

①你认为作为美工从业人员，在下载图形、图标、图片或其他设计元素时，需要注意哪些问题？

②你如何看待因抄袭作品导致侵权的行为？

 **巩固练习**

## 一、选择题

1. 使用矩形工具绘制正方形，需要在绘制的同时按住键盘上的（　　）键。

    A. Alt　　　　　　　　　　　　　B. Ctrl

    C. Shift　　　　　　　　　　　　D. Tab

2. 使用椭圆工具绘制正圆形，需要在绘制的同时按住键盘上的（　　）键。

    A. Alt　　　　　　　　　　　　　B. Ctrl

    C. Shift　　　　　　　　　　　　D. Tab

3. 吸管工具的快捷键是（　　）。

    A. I　　　　　　　　　　　　　　B. T

    C. U　　　　　　　　　　　　　　D. P

4. ▣按钮对应的是（　　）。

    A. 矩形工具　　　　　　　　　　B. 渐变工具

    C. 吸管工具　　　　　　　　　　D. 拾色器工具

5. 完成（　　　）操作，可以打开"图层样式"面板。

　　A. 双击图层空白位置　　　　　　　　　　B. 单击图层空白位置

　　C. 在"图层样式"按钮上右击鼠标　　　　D. 双击画布

## 二、判断题

1. 使用矩形工具绘制正方形，需要在绘制的同时按住键盘上的 Ctrl 键。（　　　）

2. 使用三角形工具绘制正三角形，需要在绘制的同时按住键盘上的 Shift 键。（　　　）

3. 吸管工具的快捷键是 I。（　　　）

4. 使用拾色器工具的方法只有一种。（　　　）

5. 使用拾色器工具选择目标颜色后，"拾色器"对话框中的符号"#"后面会出现一组由 6 个数字或字母组成的编号，即所选择颜色的色号。需要指定颜色时，直接输入色号，即可获取目标颜色。（　　　）

6. 在"拾色器"对话框中，可以选择 HSB、RGB、Lab 和 CMYK 共计 4 种颜色模式。（　　　）

7. 在需要添加图层样式的图层上单击，即可弹出"图层样式"面板。（　　　）

8. 套用软件预设的渐变样式，可以快速为图层添加渐变效果，提升工作效率。（　　　）

## 三、简答题

简述通过设置图层样式，为图层添加投影效果的步骤。

_____

_____

_____

## 项目五

# 制作店铺优惠券

 **项目导入**

在电商平台上，发放优惠券是常见的促销手段。很多品牌会在店铺首页展示优惠券，增加店铺对潜在消费者的吸引力，商家通过发放优惠券进行促销和拉新，消费者则通过领取优惠券得到实惠。

制作精美的优惠券，不仅能助力店铺营销，还能打造品牌形象，助力品牌力的提升，优惠券效果如图 5-1 所示。

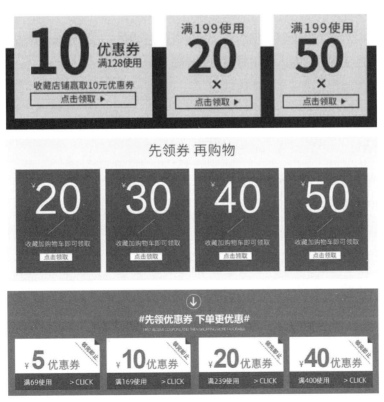

图 5-1　优惠券效果

设计优惠券时，要综合考量店铺风格、产品定位、营销目的。从制作的角度来说，优惠券主要以图形＋文字的形式呈现，其中，文字排版是重中之重，不仅要排得醒目、好看，还要遵循 Photoshop 文字排版的操作规范。

本项目将深入介绍 Photoshop 形状工具、Photoshop 文字工具、Photoshop 布尔运算工具的使用方法，以及电商设计工作中与文字排版相关的规范。

## 教学目标

### ♡ 知识目标

①学生能够举例说明形状工具的使用方法。
②学生能够区别不同文字工具的使用场景。
③学生能够理解布尔运算的运算逻辑。
④学生能够举例说明布尔运算工具的使用方法。

### ♡ 能力目标

①学生能够使用形状工具绘制常见形状，并进行颜色填充、描边等属性设置。
②学生能够使用文字工具输入文字并进行属性设置。
③学生能够独立制作完成一个方形优惠券。
④学生能够独立制作完成一个异形优惠券。

### ♡ 素质目标

①学生具有独立思考能力和创新能力。
②学生具有较强的实践能力。
③学生具有敏锐的观察能力。

## 课前导学

### ➡ 使用形状工具绘制常见形状

在项目三中，已对 Photoshop 形状工具的组成进行了详细介绍，其中，最常用的形状工具要属矩形工具、直线工具、自定形状工具。下面，通过实例对 Photoshop 形状工具的具体使用方法进行详细介绍。

### 1. 使用矩形工具绘制矩形

绘制矩形的方法很简单。在工具箱中单击"矩形工具"按钮▣后，移动鼠标指针至图像编辑窗口中，按住鼠标左键并拖曳，即可绘制一个矩形，如图 5-2 所示。

图 5-2　绘制矩形

绘制正方形的方法也很简单。在工具箱中单击"矩形工具"按钮▣后，移动鼠标指针至图像编辑窗口中，在按住 Shift 键的同时按住鼠标左键并拖曳，即可绘制一个正方形，如图 5-3 所示。

图 5-3　绘制正方形

### 2. 使用其他形状工具绘制其他形状

在工具箱的形状工具组中选择如图 5-4 所示的其他形状工具，可以绘制椭圆形、三角形、多边形等形状，绘制方法和绘制矩形一样。如果要绘制的形状是正圆形或等边形，可以在按住 Shift 键的同时按住鼠标左键并拖曳，完成绘制。

图 5-4　绘制其他形状

### 3. 使用直线工具绘制直线

在工具箱中单击"直线工具"按钮 ∕ 直线工具，在工具选项栏中设置属性参数后，在图像编辑窗口中按住鼠标左键并拖曳，即可绘制直线，如图 5-5 所示。

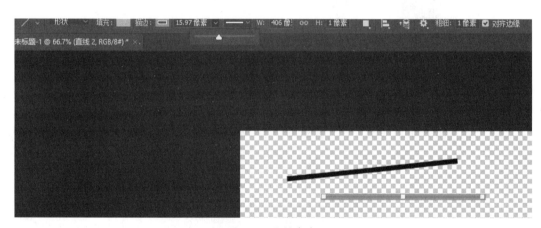

图 5-5　绘制直线

💡提示　工具选项栏中"描边"的参数将决定所绘制直线的粗细。

在绘制直线的过程中按住 Shift 键，可以绘制水平或垂直的直线，如图 5-6 所示。

图 5-6　绘制水平直线或垂直直线

### 4. 使用自定形状工具绘制自定形状

在工具箱的形状工具组中单击"自定形状工具"按钮 ，在工具选项栏中的"形状"列表框中选择目标形状后，在图像编辑窗口中按住鼠标左键并拖曳，即可绘制自定形状，如图5-7所示。

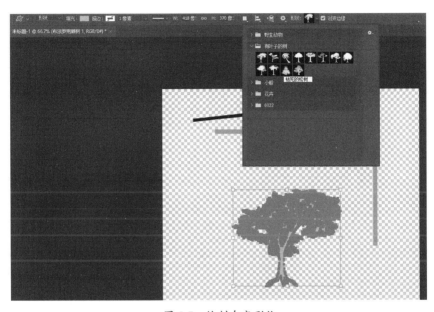

图 5-7　绘制自定形状

**提示**　选择目标自定形状后，在绘制时按住 Shift 键，可以绘制等比例自定形状。

在工具选项栏中，单击"形状"列表选项区中的三角按钮 ，展开列表框，单击"设置"按钮 ，如图5-8所示，在弹出的列表框中选择"追加默认形状"命令或"导入形状"命令，可以在"形状"列表框中添加其他形状。

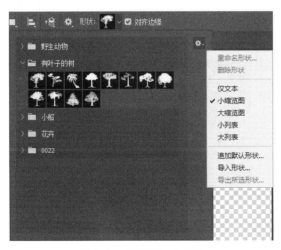

图 5-8　"形状"列表框

### 5. 更改形状的颜色

使用自定形状工具绘制的形状的颜色是可以被快速更改的。在"图层"面板中选择需要更改形状颜色的形状图层，双击形状，弹出"拾色器"对话框，修改颜色参数值后单击"确定"按钮，即可完成对形状颜色的更改，如图 5-9 所示。

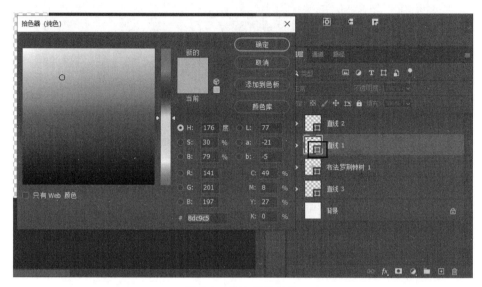

图 5-9　更改形状颜色

## 文字工具

在 Photoshop 软件中，文字是很特别的图像结构，由像素组成，与同图层图像具有相同的分辨率，字符被放大或缩小都不会模糊。下面对文字工具的相关知识进行详细介绍。

### 1. 文字工具的位置

在 Photoshop 软件中，使用文字工具组中的工具，可以在图像编辑窗口中的任意位置创建文本输入框，创建完成后，"图层"面板中会增加一个文字图层。Photoshop 文字工具的位置如图 5-10 所示。

图 5-10　Photoshop 文字工具的位置

### 2.文字工具的组成

Photoshop 文字工具组包含横排文字工具、直排文字工具、直排文字蒙版工具和横排文字蒙版工具，如图 5-11 所示。

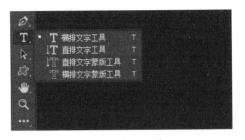

图 5-11　Photoshop 文字工具组

下面对 Photoshop 中的各种文字工具进行详细介绍。

（1）**横排文字工具**

横排文字工具有两种使用方法，一种为"点文字"输入，另一种为"区域文字"输入。

①点文字："点文字"输入的优点是修改方便，缺点是不能自动换行，因此适用于输入标题性文字。在工具箱中单击"横排文字工具"按钮 T 后，在图像编辑窗口中单击，弹出文本输入框后在其中输入文字即可，如图 5-12 所示。

选择横排文字 输入点文字效果

图 5-12　横排文字"点文字"效果

> **提示**　当文字工具处于被选择状态时，可以输入文字并对文字进行编辑。但是，如果要执行其他操作，必须先结束对文字图层的编辑。

②区域文字："区域文字"输入的优点是调整文本输入框的大小时，其中的文字会自动换行，缺点是局部修改时没有修改"点文字"方便，因此适用于输入段落性文字。在工具箱中单击"横排文字工具"按钮 T 后，在图像编辑窗口中按住鼠标左键并拖曳，绘制一个文本输入框后在其中输入文字即可，如图 5-13 所示。

图 5-13　横排文字"区域文字"效果

> **提示**　输入文字时，按 Enter 键可以换行。结束文字输入时，可以按 Ctrl+Enter 组合键，可以按小键盘上的 Enter 键，也可以直接单击工具箱中的其他工具按钮。

（2）**直排文字工具**

直排文字工具同横排文字工具一样，也分为"点文字"输入和"区域文字"输入两种使用方法。

①点文字：在工具箱中单击"直排文字工具"按钮 T 后，在图像编辑窗口中单击，弹出文本输入框后在其中输入文字即可，如图 5-14 所示。

②区域文字：在工具箱中单击"直排文字工具"按钮**T**后，在图像编辑窗口中按住鼠标左键并拖曳，绘制一个文本输入框后在其中输入文字即可，如图 5-15 所示。

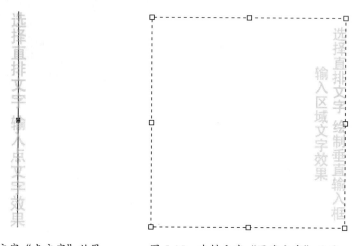

图 5-14　直排文字"点文字"效果　　　　图 5-15　直排文字"区域文字"效果

**（3）文字蒙版工具**

文字蒙版工具分为直排文字蒙版工具和横排文字蒙版工具，使用方法同横排文字工具及直排文字工具的使用方法一样，区别在于输入文字后生成的不是文字图层，而是文字选区。

创建文字蒙版很简单，在工具箱中单击"直排文字蒙版工具"按钮**T**或"横排文字蒙版工具"按钮**T**后，在图像编辑窗口中单击，弹出文本输入框后在其中输入直排或横排蒙版文字即可，输入效果如图 5-16 所示。

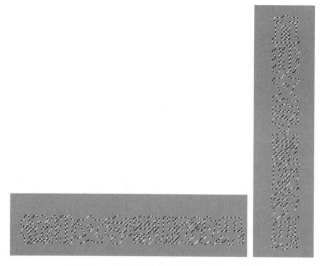

图 5-16　直排和横排蒙版文字输入效果

### 3. 文字工具的属性设置

单击"文字工具"按钮后，出现文字工具选项栏，如图 5-17 所示，用户可以先在这里设置文字的各种属性，再输入文字。

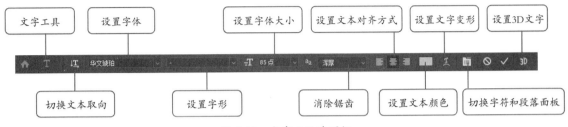

图 5-17　文字工具选项栏

在文字工具选项栏中单击"切换字符和段落面板"按钮■，弹出"字符"面板，如图 5-18 所示。在"字符"面板中，可以方便地设置文字属性。

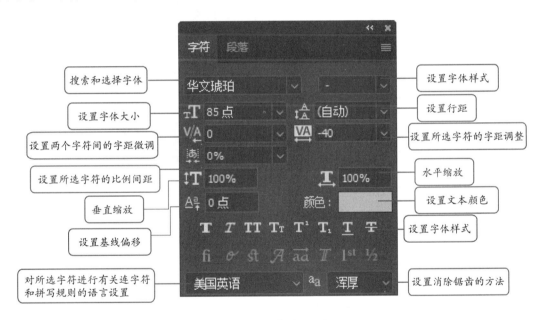

图 5-18　"字符"面板

在"字符"面板中，主要选项的含义如下。

①搜索和选择字体：在"搜索和选择字体"下拉列表框中，可选择所需要的字体。

②设置字体大小：在"设置字体大小"下拉列表框中，可设置所需要的字体大小。

③设置行距：行距指文字行之间的间距，设为自动时，间距会跟随字号的改变而改变，设为固定的数值时则不会。因此，如果手动设置了行距，更改字号后一般要再次手动设置行距，如果行距过小，可能造成行与行的重叠。

④垂直缩放 / 水平缩放：这两个选项分别用于设置文字高度和宽度的比例，相当于将字体变高

或变扁，数值小于 100% 为缩小，大于 100% 为放大。

⑤设置两个字符间的字距微调：用于设置文字与文字之间的间距。

⑥设置所选字符的字距调整：用于调整字符周围的空间，字符本身并不因此被拉伸或挤压。

⑦设置文本颜色：用于为创建的文本更换颜色。选择文本，单击色块，弹出"拾色器（文本颜色）"对话框，在其中选取所需要的颜色即可。

⑧设置字体样式：用于设置字体样式，如加粗、倾斜等。

⑨设置消除锯齿的方法：该选项中有 5 种消除锯齿的方法，"锐利"使文字边缘显得最为锐利；"犀利"使文字边缘变得锐利但程度较轻；"平滑"使文字边缘更光滑；"浑厚"使文字显得粗重；"无"为不应用该项。

在"字符"面板中单击"段落"选项卡，可以切换至"段落"面板，如图 5-19 所示。在"段落"面板中，可对段落文本的属性进行细致调整，还可使段落文本按照指定的方向对齐。

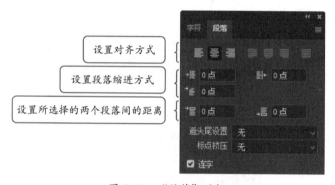

图 5-19　"段落"面板

选择段落文本后，单击"段落"面板中的目标按钮，可使所选择的段落文本按指定方式进行调整。下面对"段落"面板中的常用按钮进行详细介绍。

①左对齐文本：将段落文本左对齐，段落右边可能参差不齐。

②居中对齐文本：将段落文本居中对齐，段落两边可能参差不齐。

③右对齐文本：将段落文本右对齐，段落左边可能参差不齐。

④最后一行左对齐：段落两边左右对齐，最后一行居左对齐。

⑤最后一行中间对齐：段落两边左右对齐，最后一行居中对齐。

⑥最后一行右对齐：段落两边左右对齐，最后一行居右对齐。

⑦全部对齐：所有文本两端对齐。

⑧左缩进：用于设置该段落向右的缩进量，直排文字时控制向下的缩进量。

⑨右缩进：用于设置该段落向左的缩进量，直排文字时控制向上的缩进量。

⑩首行缩进：用于设置首行缩进量，即横排文字时段落的第一行向右或者直排文字时段落的第一列向下的缩进量。

⑪段前添加空格 / 段后添加空格：用于设置段落与段落之间的空间。如果同时设置段前分隔空间和段后分隔空间，那么各个段落之间的分隔空间为段前分隔空间和段后分隔空间之和。

## 布尔运算工具

### 1. 什么是布尔运算

布尔运算是数字符号化的逻辑推演法，包括联合、相交、相减。在形状处理操作中使用这种逻辑运算方法，可以使简单的基本形状通过组合产生新的形状。

### 2. 合并形状

执行"合并形状"命令，可以将两个形状区域相加，所有部分都会保留。合并形状的具体操作方法如下。

单击工具箱中的"矩形工具"按钮▣，在图像编辑窗口中选择两个形状后，在工具选项栏中单击"路径操作"按钮▣，弹出列表框，选择"合并形状"命令，如图 5-20 所示，即可合并形状，效果如图 5-21 所示。

> 提示 布尔运算的所有运算法只针对同一图层里的形状，因此，只有当两个形状在同一个图层里的时候，才可以进行布尔运算。

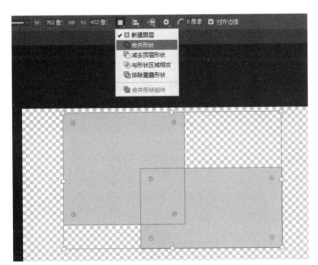

图 5-20 选择"合并形状"命令

图 5-21 合并形状后的效果

### 3. 减去顶层形状

执行"减去顶层形状"命令，可以将所选形状的重合部分减去，得到新的形状。减去顶层形状的具体操作方法如下。

单击工具箱中的"椭圆工具"按钮◯，在图像编辑窗口中绘制两个椭圆形状，随后，选择所绘制的两个椭圆形状，在工具选项栏中单击"路径操作"按钮▣，弹出列表框，选择"减去顶层形状"命令，如图 5-22 所示，即可得到减去顶层形状后的形状，效果如图 5-23 所示。

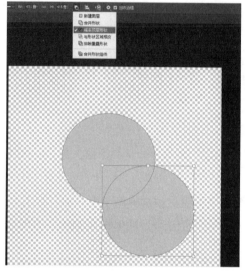

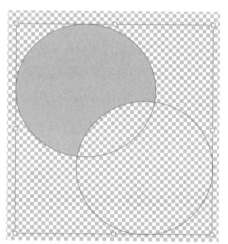

图 5-22　选择"减去顶层形状"命令　　　　图 5-23　减去顶层形状后的效果

### 4. 与形状区域相交

执行"与形状区域相交"命令，可以将两个形状重合的部分保留，减去其余部分，得到新的形状。具体操作方法如下。

单击工具箱中的"多边形工具"按钮⬡，在图像编辑窗口中绘制一个五边形和一个六边形，随后，选择所绘制的两个形状，在工具选项栏中单击"路径操作"按钮▣，弹出列表框，选择"与形状区域相交"命令，如图 5-24 所示，即可得到形状区域相交部分的形状，效果如图 5-25 所示。

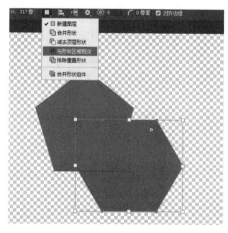

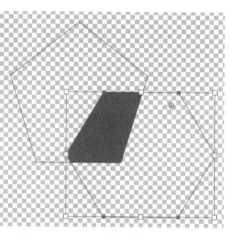

图 5-24　选择"与形状区域相交"命令　　　　图 5-25　形状区域相交部分的形状

### 5. 排除重叠形状

执行"排除重叠形状"命令，可以将两个形状重合的部分减去，得到新的形状。具体操作方法如下。

单击工具箱中的"多边形工具"按钮 ，在图像编辑窗口中绘制两个多边形，随后，选择所绘制的两个多边形，在工具选项栏中单击"路径操作"按钮 ■，弹出列表框，选择"排除重叠形状"命令，如图 5-26 所示，即可减去两个多边形的重合部分，效果如图 5-27 所示。

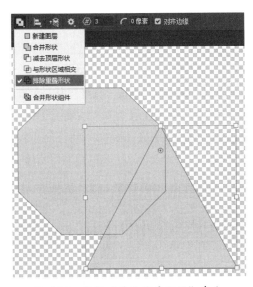

图 5-26 选择"排除重叠形状"命令

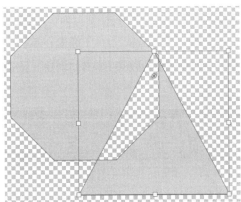

图 5-27 排除重叠形状后的效果

## 课堂实训

### 任务一 制作方形优惠券

#### 📋 任务描述

小吴是某电子商务公司的一名美工实习生，某天，因为部门其他人员都有事，部门主管将需要制作的方形优惠券的样图发给了小吴，安排小吴按照样图，使用Photoshop完成临摹制作并导出图片。优惠券尺寸要求为宽度和高度分别是160像素和220像素，格式要求为JPG/PNG。

本任务的设置目的是带领大家学习制作方形优惠券的方法。

## 📋 任务目标

①使用 Photoshop 新建方形优惠券文件。

②使用 Photoshop 中的矩形工具绘制方形优惠券边框。

③使用 Photoshop 中的图层样式优化方形优惠券边框。

④使用 Photoshop 中的文字工具编排方形优惠券信息。

⑤使用 Photoshop 将作品保存为 PNG 格式的图片。

## 📋 任务实施

⊙步骤1 双击计算机桌面上的 Adobe Photoshop 2022 程序图标，启动 Photoshop 软件。

⊙步骤2 执行"文件"|"新建"命令，弹出"新建文档"对话框，修改"宽度"为 160 像素、"高度"为 220 像素、"分辨率"为 72 像素 / 英寸、"颜色模式"为"RGB 颜色"，修改文件名为"方形优惠券"，如图 5-28 所示，单击"创建"按钮，新建一个图像文件。

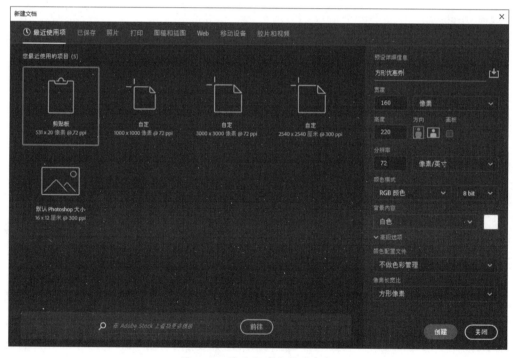

图 5-28 修改新建文件的参数

⊙步骤3 按 Ctrl+ +（加号）快捷键，放大画布后，在工具箱中单击"矩形工具"按钮▣，设置"填充色"为白色、"描边"为"无颜色"，在图像编辑窗口中按住鼠标左键并拖曳，绘制宽度为 148 像素、高度为 206 像素的矩形 1，如图 5-29 所示。

⊙步骤4 绘制矩形 1 后，"图层"面板中出现"矩形 1"图层，选择该图层，如图 5-30 所示。

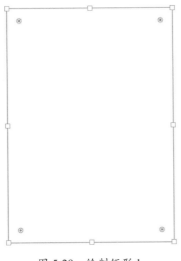

图 5-29　绘制矩形 1

图 5-30　选择"矩形 1"图层

⊙**步骤 5**　双击"矩形 1"图层，弹出"图层样式"对话框，勾选"内阴影"复选框，在"内阴影"选项区中设置各参数后，单击"确定"按钮，如图 5-31 所示。

⊙**步骤 6**　查看为矩形 1 添加的"内阴影"图层样式，效果如图 5-32 所示。

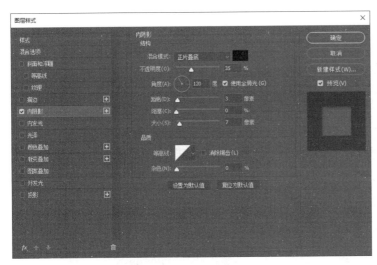

图 5-31　设置参数

图 5-32　内阴影效果

⊙**步骤 7**　在工具箱中单击"移动工具"按钮 ⊹，同时选择"矩形 1"图层和"背景"图层后，在工具选项栏中依次单击"水平居中对齐"按钮 ⬚ 和"垂直居中对齐"按钮 ⬚，使"矩形 1"图层与画布居中对齐，效果如图 5-33 所示。

⊙**步骤 8**　在工具箱中单击"矩形工具"按钮后，在图像编辑窗口中按住鼠标左键并拖曳，绘制宽度为 126 像素、高度为 186 像素的矩形 2，如图 5-34 所示。

图 5-33 使"矩形 1"图层与画布居中对齐

图 5-34 绘制矩形 2

⊙步骤 9 选择矩形 2，在工具选项栏中设置"选择工具模式"为"形状"后，单击"填充"右侧的颜色块，弹出列表框，单击"无颜色"按钮，如图 5-35 所示。

⊙步骤 10 继续选择矩形 2，单击工具选项栏中"描边"右侧的颜色块，弹出列表框，单击"拾色器"按钮▢，如图 5-36 所示。

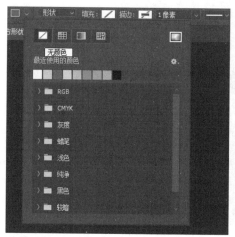

图 5-35 设置"矩形 2"填充属性

图 5-36 单击"拾色器"按钮

⊙步骤 11 弹出"拾色器（描边颜色）"对话框，修改颜色参数值为"#d9d9d9"后，单击"确定"按钮，如图 5-37 所示。

⊙步骤 12 在工具选项栏中修改"描边粗细"的参数为 1 像素，完成对矩形 2 属性的设置，效果如图 5-38 所示。

图 5-37　修改颜色参数值

图 5-38　设置矩形 2 属性后的效果

⊙**步骤 13**　在工具箱中单击"移动工具"按钮 ✛，同时选择"矩形 1"图层、"矩形 2"图层和"背景"图层后，在工具选项栏中依次单击"水平居中对齐"按钮 ⊪ 和"垂直居中对齐"按钮 ⬍，使"矩形 2"图层与画布居中对齐，效果如图 5-39 所示。

⊙**步骤 14**　在工具箱中单击"矩形工具"按钮 ▱ 后，在图像编辑窗口中按住鼠标左键并拖曳，绘制宽度为 82 像素、高度为 32 像素的矩形 3，如图 5-40 所示。

图 5-39　使"矩形 2"图层与画布居中对齐

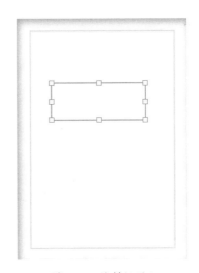

图 5-40　绘制矩形 3

⊙**步骤 15**　选择矩形 3，在工具选项栏中设置"选择工具模式"为"形状"后，单击"填充"右侧的颜色块，弹出列表框，单击"拾色器"按钮 ▣，在弹出的"拾色器（填充颜色）"对话框中修改颜色参数值为"#e1dcb6"，单击"确定"按钮，如图 5-41 所示。

◎**步骤 16**　完成对矩形 3 填充颜色的修改，并修改"描边"为"无描边"后，将矩形 3 移动至合适的位置，如图 5-42 所示。

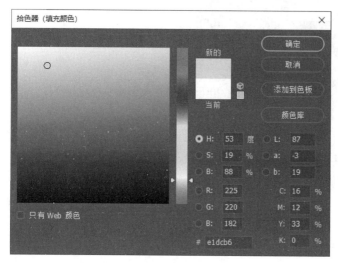

图 5-41　修改颜色参数值

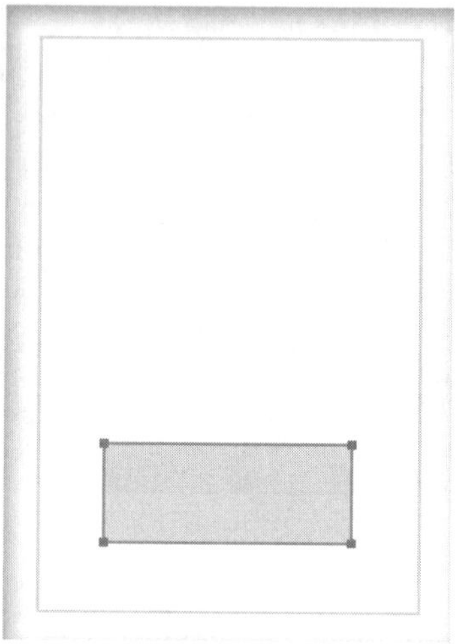

图 5-42　更改矩形 3 的属性和位置

◎**步骤 17**　在工具箱中单击"横排文字工具"按钮 T，如图 5-43 所示。

◎**步骤 18**　在图像编辑窗口中单击，输入文本"下单立减"，如图 5-44 所示，并设置属性参数为"阿里巴巴普惠体""Regular""15 点""浑厚""居中对齐""#2e2e2e"。

图 5-43　单击"横排文字工具"按钮

图 5-44　添加文本"下单立减"

◎**步骤 19**　在工具箱中单击"横排文字工具"按钮 T，输入文本"满 199 元使用"，如图 5-45 所示，并设置属性参数为"阿里巴巴普惠体""Regular""14 点""浑厚""居中对齐""#000000"。

◎**步骤 20**　在工具箱中单击"横排文字工具"按钮 T，输入文本"50"，如图 5-46 所示，并

设置属性参数为 "Arial" "Bold" "64 点" "浑厚" "居中对齐" "#000000"。

图 5-45　添加文本"满 199 元使用"

图 5-46　添加文本"50"

◎**步骤 21**　在工具箱中单击"横排文字工具"按钮 T，输入文本"RMB"，如图 5-47 所示，并设置属性参数为"阿里巴巴普惠体" "Regular" "13 点" "浑厚" "居中对齐" "#808080"。

◎**步骤 22**　在工具箱中单击"移动工具"按钮 ✛ 后，在图像编辑窗口中分别选择各文本对象，将其移动至合适的位置，移动后的效果如图 5-48 所示。

图 5-47　添加文本"RMB"

图 5-48　移动文本位置

◎**步骤 23**　按 Ctrl+S 快捷键，保存文件。执行"文件"|"导出"|"导出为"命令，弹出"导出为"对话框，如图 5-49 所示，依次调整"画布大小"参数值和"格式"参数后，单击"导出"按钮，即可将图像导出为 PNG 格式的图片。

图 5-49　"导出为"对话框

任务二 **制作异形优惠券**

### 📋 任务描述

　　小吴很好地完成了制作方形优惠券的任务，部门主管认为小吴具备很高的专业素养，于是给了小吴一个新任务，即制作一款异形优惠券。优惠券尺寸要求为高度和宽度分别是 120 像素和 220 像素，格式要求为 JPG/PNG。

　　本任务的设置目的是带领大家学习制作异形优惠券的方法。

### 📋 任务目标

①使用 Photoshop 新建异形优惠券文件。

②使用布尔运算工具制作异形优惠券边框。

③使用 Photoshop 中的图层样式优化异形优惠券边框。

④使用 Photoshop 中的文字工具编排异形优惠券信息。

⑤使用 Photoshop 将作品保存为 PNG 格式的图片。

#### 任务实施

⊙**步骤 1** 双击计算机桌面上的 Adobe Photoshop 2022 程序图标，启动 Photoshop 软件。

⊙**步骤 2** 执行"文件"|"新建"命令，弹出"新建文档"对话框，修改"宽度"为 220 像素、"高度"为 120 像素、"分辨率"为 72 像素 / 英寸、"颜色模式"为"RGB 颜色"，修改文件名为"异形优惠券"，如图 5-50 所示，单击"创建"按钮，新建一个图像文件。

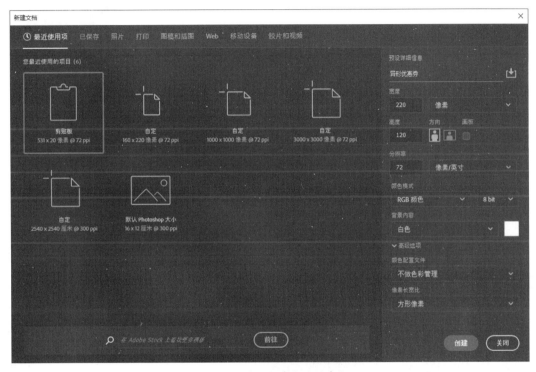

图 5-50　修改新建文件的参数

⊙**步骤 3** 按 Ctrl+ +（加号）快捷键，放大画布后，在工具箱中单击"矩形工具"按钮，在图像编辑窗口中按住鼠标左键并拖曳，绘制宽度为 220 像素、高度为 120 像素的矩形 1，如图 5-51 所示。

⊙**步骤 4** 绘制矩形 1 后，"图层"面板中出现"矩形 1"图层，双击"矩形 1"图层的浏览图，弹出"拾色器（纯色）"对话框，修改颜色参数值为"#f6e8dd"，如图 5-52 所示。

⊙**步骤 5** 单击"确定"按钮，即可更改矩形 1 的填充颜色，效果如图 5-53 所示。

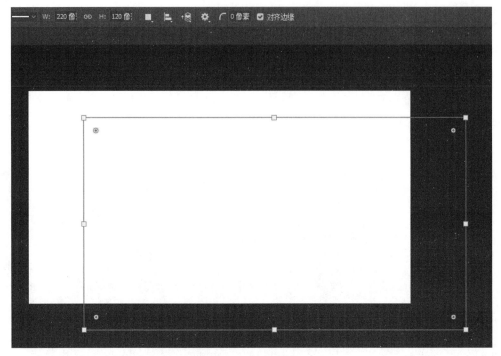

图 5-51　绘制矩形 1

图 5-52　修改颜色参数值

图 5-53　更改矩形 1 的填充颜色

　　⊙步骤6　在工具箱中单击"移动工具"按钮➕，同时选择"矩形 1"图层和"背景"图层后，在工具选项栏中依次单击"水平居中对齐"按钮和"垂直居中对齐"按钮，使"矩形 1"图层与画布居中对齐，效果如图 5-54 所示。

　　⊙步骤7　在"图层"面板中单击"背景"图层对应的眼睛图标，隐藏"背景"图层，如图 5-55 所示。

　　⊙步骤8　在工具箱中单击"椭圆工具"按钮后，在工具选项栏中单击"路径操作"按钮，弹出列表框，选择"减去顶层形状"命令，如图 5-56 所示。

图 5-54 "矩形 1"图层与画布居中对齐

图 5-55 隐藏"背景"图层

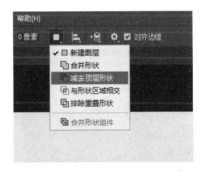

图 5-56 选择"减去顶层形状"命令

◎**步骤9** 在图像编辑窗口左侧按住鼠标左键并拖曳，绘制一个宽度和高度均为 15 像素的圆形，自动得到减去顶层形状后的效果，如图 5-57 所示。

图 5-57 减去顶层形状后的效果

◎**步骤 10** 在工具箱中单击"路径选择工具"按钮，按住 Alt 键，垂直向下复制 4 个圆形，如图 5-58 所示。

图 5-58 复制 4 个圆形

◎**步骤 11** 同时选择画面中的 5 个圆形后，在工具选项栏中单击"路径对齐方式"按钮，弹出列表框，单击"垂直居中分布"按钮，垂直居中分布所选择的 5 个圆形，如图 5-59 所示。

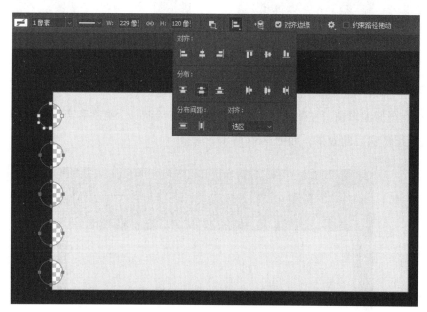

图 5-59 垂直居中分布所选择的 5 个圆形

◎**步骤 12** 再次同时选择画面中的 5 个圆形，按住 Alt 键，将 5 个圆形水平向右复制到右侧，如图 5-60 所示。

图 5-60　水平向右复制 5 个圆形

⊙**步骤 13**　在"图层"面板中双击"矩形 1"图层，弹出"图层样式"对话框，勾选"投影"复选框，并在"投影"选项区中修改各参数，如图 5-61 所示。

⊙**步骤 14**　单击"确定"按钮，即可为矩形 1 添加"阴影"效果，如图 5-62 所示。

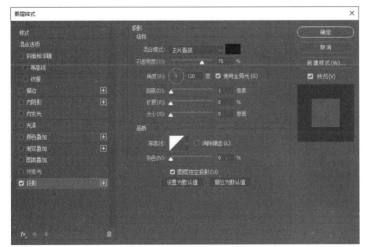

图 5-61　修改参数

图 5-62　添加阴影效果

⊙**步骤 15**　在工具箱中单击"矩形工具"按钮后，在工具选项栏中更改形状属性为"无填充""黑色描边""1 像素"，随后，在图像编辑窗口中按住鼠标左键并拖曳，绘制宽度为 173 像素、高度为 18 像素的矩形 2，如图 5-63 所示。

⊙**步骤 16**　在工具箱中单击"移动工具"按钮 ✛，将"矩形 2"形状移动至画布中偏下的位置，如图 5-64 所示。

⊙**步骤 17**　在工具箱中单击"横排文字工具"按钮 T，输入文本"点击领取 >>>"，如图 5-65所示，并设置属性参数为"阿里巴巴普惠体""Light""14 点""锐利""居中对齐""#000000"。

图 5-63　绘制矩形 2

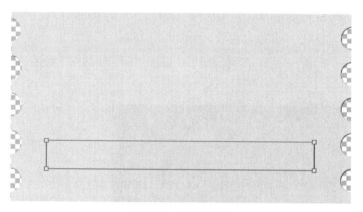

图 5-64　移动矩形 2

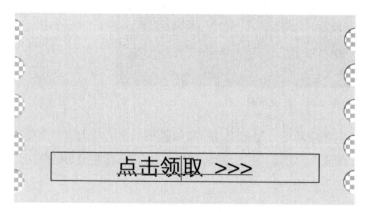

图 5-65　添加文本"点击领取 >>>"

⊙步骤 18　在工具箱中单击"横排文字工具"按钮 T，输入文本"优惠券"，如图 5-66 所示，并设置属性参数为"阿里巴巴普惠体""Regular""28 点""锐利""左对齐""#000000"。

图 5-66　添加文本"优惠券"

⊙**步骤 19**　在工具箱中单击"横排文字工具"按钮 **T**，输入文本"满 199 元使用"，如图 5-67 所示，并设置属性参数为"阿里巴巴普惠体""Light""14 点""锐利""左对齐""#000000"。

图 5-67　添加文本"满 199 元使用"

⊙**步骤 20**　在工具箱中单击"横排文字工具"按钮 **T**，输入文本"50"，如图 5-68 所示，并设置属性参数为"Arial""Bold""64 点""锐利""左对齐""#000000"。

图 5-68　添加文本"50"

⊙**步骤21** 在工具箱中单击"横排文字工具"按钮 **T**，输入文本"×"，如图 5-69 所示，并设置属性参数为"阿里巴巴普惠体""Regular""20 点""锐利""居中对齐""#000000"。

图 5-69　添加文本"×"

⊙**步骤22** 按 Ctrl+S 快捷键，保存文件。执行"文件"|"导出"|"导出为"命令，弹出"导出为"对话框，如图 5-70 所示，依次调整"画布大小"参数值和"格式"参数后，单击"导出"按钮，即可将图像导出为 PNG 格式的图片。

图 5-70　"导出为"对话框

**项目评价**

## 学生自评表

表 5-1　技能自评

| 序号 | 技能点 | 达标要求 | 学生自评 | |
|---|---|---|---|---|
| | | | 达标 | 未达标 |
| 1 | 使用形状工具绘制常见形状，并进行颜色填充、描边等属性设置 | 要求一：能够使用 Photoshop 形状工具绘制矩形、椭圆形、三角形和自定形状<br>要求二：能够使用 Photoshop 设置形状的颜色填充、描边等属性 | | |
| 2 | 使用文字工具输入文字并进行属性设置 | 要求一：能够使用文字工具输入横排文字并进行属性设置<br>要求二：能够使用文字工具输入直排文字并进行属性设置 | | |
| 3 | 使用布尔运算工具制作异形边框 | 要求一：能够掌握布尔运算工具的操作方法<br>要求二：能够使用布尔运算工具制作异形边框 | | |
| 4 | 制作完成一个方形优惠券 | 要求一：能够使用形状工具绘制方形优惠券边框<br>要求二：能够使用文字工具编排方形优惠券信息<br>要求三：能够按要求导出正确格式的文件 | | |
| 5 | 制作完成一个异形优惠券 | 要求一：能够使用形状工具绘制异形优惠券边框<br>要求二：能够使用文字工具编排异形优惠券信息<br>要求三：能够按要求导出正确格式的文件 | | |

表 5-2　素质自评

| 序号 | 素质点 | 达标要求 | 学生自评 | |
|---|---|---|---|---|
| | | | 达标 | 未达标 |
| 1 | 独立思考能力和创新能力 | 要求一：遇到问题善于思考<br>要求二：具有解决问题的能力和创新意识<br>要求三：善于提出新观点、新方法 | | |
| 2 | 实践能力 | 要求一：具备一定的动手能力<br>要求二：能够按照要求完成任务 | | |
| 3 | 观察能力 | 要求一：具备敏锐的观察力<br>要求二：善于搜集有用的资讯和思路、想法 | | |

# 教师评价表

表 5-3　技能评价

| 序号 | 技能点 | 达标要求 | 教师评价 | |
|---|---|---|---|---|
| | | | 达标 | 未达标 |
| 1 | 使用形状工具绘制常见形状，并进行颜色填充、描边等属性设置 | 要求一：能够使用 Photoshop 形状工具绘制矩形、椭圆形、三角形和自定形状 | | |
| | | 要求二：能够使用 Photoshop 设置形状的颜色填充、描边等属性 | | |
| 2 | 使用文字工具输入文字并进行属性设置 | 要求一：能够使用文字工具输入横排文字并进行属性设置 | | |
| | | 要求二：能够使用文字工具输入直排文字并进行属性设置 | | |
| 3 | 使用布尔运算工具制作异形边框 | 要求一：能够掌握布尔运算工具的操作方法 | | |
| | | 要求二：能够使用布尔运算工具制作异形边框 | | |
| 4 | 制作完成一个方形优惠券 | 要求一：能够使用形状工具绘制方形优惠券边框 | | |
| | | 要求二：能够使用文字工具编排方形优惠券信息 | | |
| | | 要求三：能够按要求导出正确格式的文件 | | |
| 5 | 制作完成一个异形优惠券 | 要求一：能够使用形状工具绘制异形优惠券边框 | | |
| | | 要求二：能够使用文字工具编排异形优惠券信息 | | |
| | | 要求三：能够按要求导出正确格式的文件 | | |

表 5-4　素质评价

| 序号 | 素质点 | 达标要求 | 教师评价 | |
|---|---|---|---|---|
| | | | 达标 | 未达标 |
| 1 | 独立思考能力和创新能力 | 要求一：遇到问题善于思考 | | |
| | | 要求二：具有解决问题的能力和创新意识 | | |
| | | 要求三：善于提出新观点、新方法 | | |
| 2 | 实践能力 | 要求一：具备一定的动手能力 | | |
| | | 要求二：能够按照要求完成任务 | | |
| 3 | 观察能力 | 要求一：具备敏锐的观察力 | | |
| | | 要求二：善于搜集有用的资讯和思路、想法 | | |

 **课后拓展**

# 优惠券相关知识

### 1. 优惠券的类型

根据使用门槛和使用场景的不同，优惠券可以分为多种类型。

（1）**根据使用门槛分类**

根据使用门槛分类，可以分为现金券、满减券、折扣券、运费券、售后券、兑换券。

（2）**根据使用场景分类**

根据使用场景分类时，可以根据发放主体的不同和使用范围的不同进行进一步细分。

①根据发放主体的不同，可以分为店铺券和平台券。

②根据使用范围的不同，可以分为品牌券、品类券、单品券、全场券。

**2. 优惠券的生命周期**

优惠券的生命周期包括制券 – 发券 – 用券 – 统计等各阶段。

**3. 如何设计优惠券？**

（1）**在视觉上引起关注**

对比强烈的色彩搭配、新颖醒目的文字编排，都能够给目标受众以视觉冲击，从而达到引起关注的目的。

（2）**合理设置优惠金额**

设置合理的优惠金额是激发潜在消费者购买兴趣的关键，优惠券定额需要根据产品价格推敲确定。比如，店铺主营售价偏低的小饰品，满10元减3元的金额设置就比满200元减20元的金额设置有吸引力。

（3）**优惠券整体设计要符合店铺定位或产品定位**

一般商品价格越高的店铺，优惠券的设计风格越简约，用色越少；商品价格较低的店铺，优惠券所用色彩较多，排版较热闹。所以在设计优惠券之前，要根据店铺定位和产品定位确定整体风格，使其与店铺风格及产品风格统一。

 **思政园地**

# 优惠券不优惠，涉嫌消费欺诈

平台严把关、监管严处罚，辅以消费者积极维权和商家诚信经营，就一定能有效杜绝优惠券不优惠现象的出现，让发放优惠券真正成为帮助商家和消费者双赢的促销方式。

曾有媒体曝光，北京消费者韩先生网购了一箱啤酒，售价为102元，不使用优惠券可以免运费，使用5元优惠券则需要支付6元运费，算下来，不使用优惠券支出的金额更低。该媒体进一步调查发现，目前的电商平台上，有购买商品使用优惠券反而比不使用优惠券花费更多的现象，优惠券促销"套路"多。

经常网购的人大多有过领取优惠券的经历，一方面，领取优惠券，可以享受更多购物实惠；另一方面，发放优惠券的商家可以借此吸引潜在消费者，达到促销的目的。可以说，商家发放各类优

惠券做促销活动是双赢之举。

然而，一些商家推出的优惠券促销活动"套路"满满，有的优惠券成了一种摆设，是否使用几乎没有区别；有的优惠券则成了商家"套路"消费者的工具，消费者使用优惠券后反而比不使用优惠券花费更多。优惠券不优惠，不仅是一种误导消费的行为，更是一种消费欺诈行为。

防止优惠券不优惠现象的出现，需要多方发力。首先，平台要发力，电商平台应严把审核关和查验关，及时制止商家发放优惠券"套路"消费者的行为，绝不让其扰乱市场秩序。其次，监管要发力，监管部门要积极承担监管责任，一旦发现商家以优惠券不优惠的"套路"欺骗、误导消费者，立刻通过使用罚款、列入"黑名单"、停业整顿，甚至是从业禁止等多种处罚手段，让其既付出经济代价，又付出品牌代价，从而倒逼其诚信经营、合法经营。再次，消费者要发力，消费者遭遇商家优惠券不优惠的"套路"时，既要坚决说"不"，又要积极主动地向监管部门投诉、举报，以维护自身合法权益不受侵害，切忌"装哑巴"、自认倒霉。最后，商家也要发力，商家应本着"顾客至上，诚信经营"的经营理念，遵循"责任营销"的原则，让消费者享受到真实有效的优惠，切勿通过"套路"消费者获取一时利益，否则，不仅会失去消费者的信任，还会受到法律的惩处。

相信只要平台严把关、监管严处罚，辅以消费者积极维权和商家诚信经营，一定能有效杜绝优惠券不优惠现象的出现，让发放优惠券真正成为帮助商家和消费者双赢的促销方式。

**请针对素材中的事件，思考以下问题。**

①面对商家的欺诈行为，你有什么看法？

②你认为作为消费者怎样做可以远离优惠券不优惠的"套路"？

_____

_____

_____

 **巩固练习**

# 一、单选题

1. Photoshop 形状工具的快捷键是（　　　）。

    A. U                 B. T

    C. P                 D. I

2. Photoshop 文字工具的快捷键是（　　　）。

    A. U                 B. T

    C. P                 D. I

3.以下不属于形状工具的选项是（　　　）。

    A. 圆角矩形工具　　　　　　　　　　B. 抓手工具

    C. 直线工具　　　　　　　　　　　　D. 自定形状工具

4.以下不属于文字工具的选项是（　　　）。

    A. 铅笔工具　　　　　　　　　　　　B. 横排文字工具

    C. 直排文字工具　　　　　　　　　　D. 横排文字蒙版工具

5.需要将两个形状重合的部分减去时，可以使用布尔运算工具执行（　　　）命令。

    A. 合并形状　　　　　　　　　　　　B. 减去顶层形状

    C. 与形状区域相交　　　　　　　　　D. 排除重叠形状

## 二、多选题

1.设计店铺优惠券时，要根据不同的（　　　）进行综合考量。

    A. 店铺定位　　　　　　　　　　　　B. 产品定位

    C. 营销目的　　　　　　　　　　　　D. 优惠金额

2.从制作的角度来说，店铺优惠券主要是（　　　）的组合呈现。

    A. 金额　　　　　　　　　　　　　　B. 图形

    C. 颜色　　　　　　　　　　　　　　D. 文字

3.Photoshop 文字工具组包含（　　　）。

    A. 横排文字工具　　　　　　　　　　B. 直排文字工具

    C. 直排文字蒙版工具　　　　　　　　D. 横排文字蒙版工具

## 三、判断题

1.自定形状工具不属于形状工具。（　　　）

2.段落文本的对齐方式有3种。（　　　）

3.使用形状工具，无法完成路径绘制。（　　　）

## 四、简答题

Photoshop 横排文字工具"点文字"输入和"区域文字"输入的区别是什么？

_____

_____

_____

# 项目六

# 制作商品主图与详情页图片

 **项目导入**

在大多数情况下，网店主图的优劣影响的是点击率，而详情页的优劣影响的是转化率。

主图，是详情页的精华所在，是重点内容的浓缩；详情页，是对主图重点的补充，是对商品的详细展示与介绍。主图的设计必须精美、精准，详情页的设计必须详略得当、重点突出。某电商店铺的商品主图和详情页图片效果如图 6-1 所示。

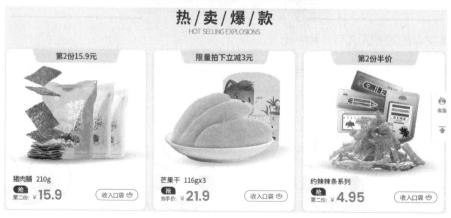

图 6-1　商品主图和详情页图片效果

186

主图在网店装修中非常重要，主图的设计优劣，会直接影响潜在消费者对商品的第一印象。因此，设计主图时必须对产品的特色和卖点加以关注，以期吸引潜在消费者的点击。详情页的制作并不难，关键在于卖点创意设计，要努力将产品卖出去，帮助商家提升销量。设计与制作优秀的主图和详情页时，一般有大约 60% 的时间用来构思、确定方向，剩下 40% 的时间用来设计、优化。

本项目将介绍使用套索工具、魔棒工具、"色彩范围"功能，以及钢笔工具完成主图和详情页制作的相关知识。

## 教学目标

### 💡 知识目标

①学生能够举例说明套索工具的使用方法。

②学生能够举例说明使用魔棒工具抠图的操作方法。

③学生能够应用"色彩范围"功能进行抠图。

④学生能够举例说明钢笔工具的使用方法。

### 💡 能力目标

①学生能够使用 Photoshop 抠取纯色背景中的目标图像。

②学生能够使用 Photoshop 抠取复杂背景中的目标图像。

### 💡 素质目标

①学生具有独立设计和执行的能力。

②学生具有良好的信息素养和学习能力。

③学生具有独立思考和创新的能力。

## 课前导学

### ▬ 套索工具

使用套索工具，可以通过自由绘制的方法创建选区。套索工具组共包含 3 个工具，分别为套索工具、多边形套索工具和磁性套索工具，下面对常用的套索工具和多边形套索工具进行详细介绍。

**1. 使用套索工具修改图片的局部内容**

使用套索工具，可以较为自由地创建不规则形状选区。

⊙**步骤1** 执行"文件"|"打开"命令，打开"项目六素材"文件夹中的"图6-4"图像文件，素材画面如图6-2所示。

⊙**步骤2** 在工具箱中单击"套索工具"按钮⊘，如图6-3所示。

图 6-2　打开素材图片　　　　　图 6-3　单击"套索工具"按钮

⊙**步骤3** 待鼠标指针呈套索形状，在画面中按住鼠标左键并拖曳，勾勒需要修改的内容，如图6-4所示。

⊙**步骤4** 勾勒完成后按 Delete 键，删除选区内的内容后，在选区上右击鼠标，在弹出的快捷菜单中选择"填充"命令，弹出"填充"对话框，在"内容"列表框中选择"内容识别"选项，如图6-5所示。

图 6-4　勾勒出选区　　　　　　图 6-5　"填充"对话框

⊙**步骤5** 设置完成后单击"确定"按钮，即可完成对图片局部内容的修改，如图6-6所示。

图 6-6  修改效果

**提示** 在按住鼠标左键并拖曳的过程中，若终点尚未与起点重合就松开鼠标左键，系统会自动封闭不完整的选取区域；在未松开鼠标左键时按 Esc 键，可取消对选取区域的选取。使用套索工具或多边形套索工具时，按 Alt 键，可以在这两个工具间进行切换。

### 2. 使用多边形套索工具抠取图片的局部内容

使用多边形套索工具，可以通过单击鼠标指定顶点的方式创建不规则形状的多边形选区，如三角形选区、梯形选区等。

使用多边形套索工具创建选区时，首先单击鼠标确定第一个顶点，然后围绕对象的轮廓在各转折点上单击，确定多边形的其他顶点，最后在结束处双击，或者将光标定位在第一个顶点上，待光标右下角出现小圆圈标记时单击，即可得到多边形选区。下面介绍使用多边形套索工具抠取图片的局部内容的操作方法。

⊙**步骤1** 执行"文件"|"打开"命令，打开"项目六素材"文件夹中的"图 6-9"图像文件，素材画面如图 6-7 所示。

⊙**步骤2** 在工具箱中单击"多边形套索工具"按钮，如图 6-8 所示。

图 6-7  打开素材图片

图 6-8  单击"多边形套索工具"按钮

⊙**步骤3** 待鼠标指针呈套索形状，在画面中按住鼠标左键并拖曳，勾勒图片中需要抠取的内容，如图 6-9 所示。

⊙**步骤4** 勾勒完成后按 Ctrl+J 快捷键对图层进行复制，自动创建"图层 2"图层，如图 6-10 所示。

图 6-9　勾勒出选区　　　　　　　　　图 6-10　复制抠取内容到新的图层

⊙**步骤5** 在"图层"面板中单击"图层 1"图层对应的眼睛图标 ◉，隐藏"图层 1"图层，如图 6-11 所示。

⊙**步骤6** 查看使用多边形套索工具抠取的图片局部内容，如图 6-12 所示。

图 6-11　隐藏"图层 1"图层　　　　　　图 6-12　抠取内容效果图

**提示** 使用多边形套索工具创建选区时，按 Delete 键，可将前一步确定的顶点删除。

## 魔棒工具

使用魔棒工具，可以一键选择颜色相近的区域。使用魔棒工具创建选区时，只需要在图像中颜色相近的区域中单击，即可选取图像中在一定容差值范围内的相同或相近的颜色区域。使用魔棒工具抠取纯色背景图片中的图像的方法如下。

⊙**步骤1** 执行"文件"|"打开"命令，打开"项目六素材"文件夹中的"图 6-15"图像文件，素材画面如图 6-13 所示。

⊙**步骤2** 在工具箱中单击"魔棒工具"按钮，如图 6-14 所示。

图 6-13　打开素材图片　　　图 6-14　单击"魔棒工具"按钮

⊙**步骤3** 在纯色背景上单击，选择纯色背景后，按 Delete 键删除纯色背景，即可完成对产品图像的抠取，如图 6-15 所示。

图 6-15　选择并删除纯色背景

通过设置"魔棒工具"工具选项栏中的参数，可以更好地控制选取范围。"魔棒工具"工具选项栏中各选项的含义如下。

①容差：在"容差"参数栏中，可以输入数据 0 ~ 255，确定魔棒工具选取的颜色范围。其值越小，

选取的颜色与单击位置的颜色越相近，选取范围越小；其值越大，选取的相邻色越多，选取范围越大。

②消除锯齿：勾选"消除锯齿"复选框，可以消除选区的锯齿边缘。

③连续：勾选"连续"复选框，创建选区时仅选取与单击处相邻的、容差范围内的颜色相近区域，否则，会选取整幅图像或同图层中容差范围内的所有颜色相近区域，不管这些区域是否相邻。

④对所有图层取样：勾选"对所有图层取样"复选框，将在所有可见图层中选取容差范围内的颜色相近区域，否则，仅选取当前图层中容差范围内的颜色相近区域。

### ☰ "色彩范围"功能

使用"色彩范围"功能，可以按照图像中颜色的分布特点自动生成选区，其原理是依据颜色进行交互式选取，并准确显示将要选取的像素。使用"色彩范围"功能抠取简单背景图片中的图像的方法如下。

◎**步骤1** 执行"文件"|"打开"命令，打开"项目六素材"文件夹中的"图片6-19"图像文件，素材画面如图6-16所示。

◎**步骤2** 执行"选择"|"色彩范围"命令，如图6-17所示。

图6-16　打开图片素材

图6-17　执行"色彩范围"命令

◎**步骤3** 弹出"色彩范围"对话框，如图6-18所示，单击"吸管"按钮，吸取背景中的紫色后，修改"色彩范围"对话框中的各参数。

◎**步骤4** 单击"确定"按钮，生成选区后按Delete键删除背景，即可完成对产品图像的抠取，如图6-19所示。

图 6-18 "色彩范围"对话框　　　　图 6-19 完成对产品图像的抠取

## 四 钢笔工具

钢笔工具是 Photoshop 中最基本的路径绘制工具之一，用户可以使用钢笔工具创建或编辑直线、曲线，以及自由的线条、形状。使用钢笔工具绘制路径时，每在图像中单击一次，即可创建一个锚点，并且该锚点与上一个创建的锚点之间以直线连接。用钢笔工具绘制的矢量图形称为路径。使用钢笔工具，在图像中单击后，在另一位置单击并按住鼠标左键拖曳鼠标拉出控制柄，即可创建曲线路径，拖动控制柄，可调节该锚点两侧或一侧的曲线弧度。在使用钢笔工具绘制路径的过程中，按 Enter 键，可以在视图中隐藏路径；当起始点与终点的锚点相交时，鼠标指针会变成形状，此时单击鼠标，系统会自动将路径创建成封闭路径。

## 课堂实训

## 任务一 制作商品主图图片

### 任务描述

抠除图片背景、合成图片等是美工人员每天都要面对的工作，也是最基础的美工工作。在服饰鞋帽类电商商品宣传中，经常用到模特图，抠取复杂背景中的模特图像后，将其与其他合适的背景进行合成，是每一位美工人员都要掌握的技能。

本任务的设置目的是带领大家学习抠除模特身后复杂背景的方法。

### 📋 任务目标

①使用钢笔工具和"色彩范围"功能抠取模特图像。

②使用套索工具抠取背景素材。

③将抠取的模特图像与背景素材进行合成。

### 📋 任务实施

◉**步骤1** 双击计算机桌面上的 Adobe Photoshop 2022 程序图标，启动 Photoshop 软件。

◉**步骤2** 执行"文件"|"打开"命令，打开"项目六素材"文件夹中的"复杂背景模特图"图像文件，如图 6-20 所示。

◉**步骤3** 在工具箱中单击"钢笔工具"按钮❷后，在工具属性栏中将属性设置为"路径"，如图 6-21 所示。

图 6-20　打开素材图片

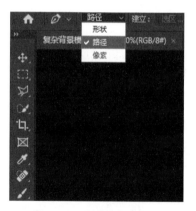

图 6-21　设置属性参数

◉**步骤4** 按 Ctrl+ +（加号）快捷键放大图片，使用钢笔工具进行抠图，注意对身体轮廓进行仔细抠取，头发部分则不需要处理得太仔细，对其进行范围选择即可，如图 6-22 所示。

◉**步骤5** 按 Ctrl+Enter 快捷键将路径转换为选区，按 Ctrl+Shift+I 快捷键进行反选，随后，按 Ctrl+J 快捷键复制选区到新的图层，如图 6-23 所示。

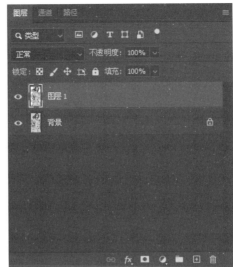

图 6-22　使用钢笔工具抠取模特图像　　图 6-23　复制选区到新的图层

⊙**步骤6** 选择"图层1"图层，按 Ctrl+J 快捷键复制图层，随后，隐藏"背景"图层，如图 6-24 所示。

⊙**步骤7** 执行"选择"|"色彩范围"命令，如图 6-25 所示。

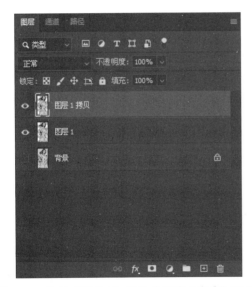

图 6-24　复制"图层1"图层并隐藏"背景"图层　　图 6-25　执行"色彩范围"命令

⊙**步骤8** 弹出"色彩范围"对话框，设置"颜色容差"为"100"，单击"确定"按钮，如图 6-26 所示。

⊙**步骤9** 隐藏"图层1"图层，选择"图层1拷贝"图层，按 Delete 键删除选区，如图 6-27 所示。

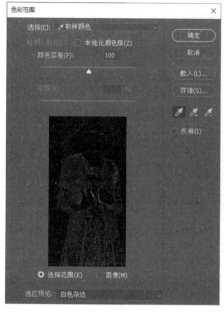

图 6-26　设置参数

图 6-27　使用"色彩范围"功能完成抠图

　　⊙**步骤 10**　按 Ctrl+D 快捷键取消选区，随后，取消对"图层 1"图层的隐藏并选择"图层 1"图层，单击"橡皮擦工具"按钮 ，将头发旁边的颜色擦除，如图 6-28 所示。

　　⊙**步骤 11**　选择"图层 1 拷贝"图层，按 Ctrl+ +（加号）快捷键放大图片，随后，使用橡皮擦工具擦除图片中的多余部分，效果如图 6-29 所示。

图 6-28　使用橡皮擦工具抠取头发

图 6-29　擦除多余部分

　　⊙**步骤 12**　同时选择"图层 1"和"图层 1 拷贝"两个图层，按 Ctrl+E 快捷键将其合并为一个图层，如图 6-30 所示。

　　⊙**步骤 13**　执行"文件"|"新建"命令，弹出"新建文档"对话框，修改文件名为"商品主图效果"，设置"宽度"和"高度"均为 800 像素、"颜色模式"为"RGB 颜色"，单击"创建"按钮，如图 6-31 所示，新建文件。

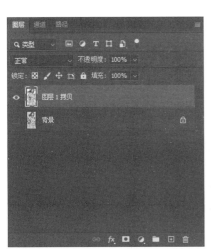

图 6-30　合并图层

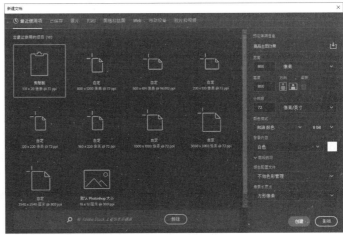

图 6-31　设置参数后新建文件

⊙步骤 14　单击"矩形工具"按钮 ▦ 后，在工具选项栏中设置形状参数为无填充、内描边 10 像素，并设置描边颜色值为"#ff0000"，如图 6-32 所示。

⊙步骤 15　在图像编辑窗口中按住鼠标左键并拖曳，绘制一个宽度和高度均为 800 像素的矩形边框，随后，单击"移动工具"按钮 ✛，将所绘制的矩形边框与"背景"图层居中对齐，如图 6-33 所示。

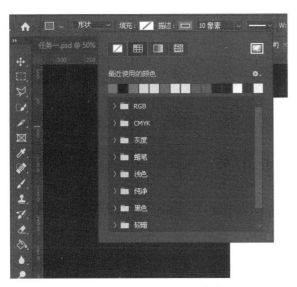

图 6-32　设置矩形形状参数

图 6-33　绘制矩形边框并与"背景"图层居中对齐

⊙步骤 16　选择"复杂背景模特图"图像窗口中的模特图像，按住鼠标左键并拖曳，将其移动至"商品主图效果"图像窗口中，如图 6-34 所示。

◎**步骤 17**　在工具箱中单击"前景色"色块，弹出"拾色器（前景色）"对话框，修改颜色参数值为"#e7ede5"，单击"确定"按钮，如图 6-35 所示。

图 6-34　移动模特图像　　　　　　　　　图 6-35　修改颜色参数值

◎**步骤 18**　选择"背景"图层，按 Alt+Delete 快捷键为背景图层填充前景色，效果如图 6-36 所示。

◎**步骤 19**　执行"文件"|"打开"命令，打开"任务六素材"文件夹中的"花朵"图像文件，如图 6-37 所示。

图 6-36　填充背景颜色　　　　　　　　　图 6-37　打开素材图片

◎**步骤 20**　单击"套索工具"按钮 ，框选左上角的花朵图像后按 Ctrl+J 快捷键，复制选区到新图层，随后，选择"背景"图层，单击"套索工具"按钮 ，框选右下角的花朵图像后按 Ctrl+J 快捷键，复制选区到新图层，如图 6-38 所示。

◎**步骤 21**　单击"移动工具"按钮 ，选择"图层 1"图层，将其拖曳至"商品主图效果"图像窗口中的合适位置，如图 6-39 所示。

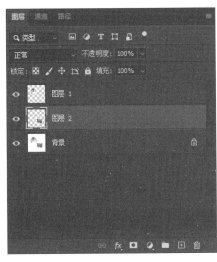

图 6-38　抠取花朵

图 6-39　移动花朵图像

　　⊙步骤 22　选择"图层 1"图层，设置图层"混合模式"为"正片叠底"，调整"不透明度"为"30%"，如图 6-40 所示。

　　⊙步骤 23　设置混合模式并调整不透明度后，图像效果如图 6-41 所示。

图 6-40　设置参数

图 6-41　图像效果

　　⊙步骤 24　切换至"花朵"图像窗口，单击"移动工具"按钮 ⊕，选择"图层 2"图层，将其拖曳至"商品主图效果"图像窗口中的合适位置，如图 6-42 所示。

　　⊙步骤 25　选择"图层 2"图层，设置图层"混合模式"为"正片叠底"，调整"不透明度"为"30%"，完成设置与调整后的图像效果如图 6-43 所示。

图 6-42　移动花朵图像

图 6-43　图像效果

> **步骤 26**　执行"文件"|"打开"命令，打开"任务六素材"文件夹中的"文案编排"PSD 文件，如图 6-44 所示。

> **步骤 27**　单击"移动工具"按钮⊕，在按住 Shift 键的同时按住鼠标左键并拖曳，将"文案编排"PSD 文件拖曳至"商品主图效果"图像窗口中，并在"图层"面板中将该文件内容所在图层拖曳至图层列表最上方，完成调整后，图像效果如图 6-45 所示。

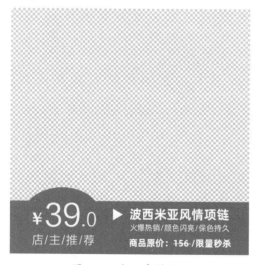
图 6-44　打开素材文件

图 6-45　图像效果

> **步骤 28**　按 Ctrl+S 快捷键，保存文件。执行"文件"|"导出"|"导出为"命令，弹出"导出为"对话框，依次调整"画布大小"参数值和"格式"参数后，单击"导出"按钮，如图 6-46 所示，即可将图像导出为 JPG 格式的图片。

图 6-46　设置导出参数

## 任务二　制作商品详情页图片

### 🗐 任务描述

小白是某电子商务公司的一名美工，运营同事觉得某商品的宣传转化效果一直不理想，猜测是因为商品详情页中的第一张模特海报图不够吸引人，于是和小白沟通，希望小白使用原图片中的模特形象，重新制作商品详情页中的第一张模特海报图。

### 🗐 任务目标

①使用钢笔工具抠取模特图像。
②将抠取的模特图像与新的背景素材进行合成。

### 🗐 任务实施

⊙ **步骤1**　启动 Photoshop 软件，执行"文件"|"打开"命令，打开"项目六素材"文件夹中的"男装详情页" PSD 文件，如图 6-47 所示。小白仔细观察目前的详情页内容后发现，同事只完成了基本信息模块的部分排版，详情页中还缺一张产品海报图，以及基本信息模块中的模特图部分。

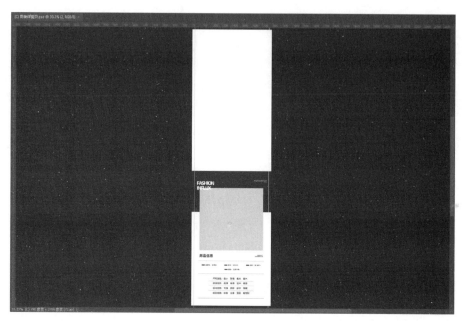

图 6-47　打开素材文件

⊙**步骤 2**　执行"文件"|"打开"命令，弹出"打开"对话框，同时选择 3 张男模图，单击"打开"按钮，如图 6-48 所示。

图 6-48　打开模特素材

⊙**步骤 3**　切换至"男模 3"图像窗口，在工具箱中单击"钢笔工具"按钮 后，在"路径"面板中单击"创建新路径"按钮 ，添加"路径 1"路径，如图 6-49 所示。

⊙**步骤 4**　使用钢笔工具勾勒模特图像外部轮廓，勾勒时，尽可能在轮廓边缘处向模特图像内部多勾勒 1~2 个像素，如图 6-50 所示。

图 6-49　添加"路径 1"路径

图 6-50　使用钢笔工具勾勒模特图像外轮廓

⊙**步骤 5**　在"路径"面板中选择"路径 1"路径，右击鼠标，在弹出的快捷菜单中选择"建立选区"命令，如图 6-51 所示。

⊙**步骤 6**　弹出"建立选区"对话框，设置"羽化半径"为 0 像素，单击"确定"按钮，如图 6-52 所示。

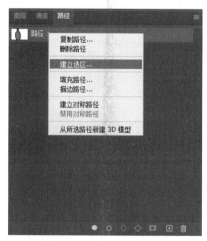

图 6-51　选择"建立选区"命令

图 6-52　设置羽化半径的参数

⊙**步骤 7**　完成上述操作后，即可将路径转换为选区。单击"矩形选框工具"按钮 后，在选区框线上右击鼠标，在弹出的快捷菜单中选择"通过拷贝的图层"命令，如图 6-53 所示。

⊙**步骤 8**　执行命令后，即可将选区内的图像创建为新的图层，得到"图层 1"图层，完成抠取图像的操作，如图 6-54 所示。

⊙**步骤 9**　观察"图层 1"图层，可以发现模特手臂与躯干间还有没有抠干净的背景图像，单击"钢笔工具"按钮 ，再次新建路径，抠取剩余背景图像，如图 6-55 所示。

○**步骤 10** 在"路径"面板中选择"路径 2"路径，右击鼠标，在弹出的快捷菜单中选择"建立选区"命令。在弹出的"建立选区"对话框中修改"羽化半径"为 0 像素，单击"确定"按钮，即可将路径转换为选区。成功框选需要删除的图像后，选择"图层 1"图层，单击"矩形框选工具"按钮▇▇，按 Delete 键，即可删除多余的图像，效果如图 6-56 所示。

图 6-53　选择"通过拷贝的图层"命令

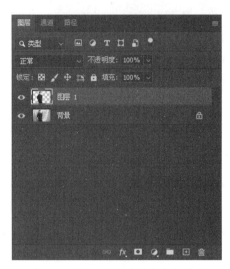

图 6-54　抠取图像并创建为新图层

图 6-55　抠取剩余背景图像

图 6-56　删除多余图像

○**步骤 11** 重复步骤 3 至步骤 10 介绍的操作，使用钢笔工具抠取"男模 1"图像窗口中的模特图像，得到干净的"男模 1"模特图像，如图 6-57 所示。

○**步骤 12** 切换至"男模 3"图像窗口，选择已经完成抠图的模特图像，按住鼠标左键并拖曳，将其移动至"男装详情页"图像窗口中，放置在合适的位置，并按 Ctrl+T 快捷键，调整模特图层的大小，调整后效果如图 6-58 所示。

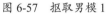

图 6-57　抠取男模 1

图 6-58　移动模特图像并调整大小及位置

⊙**步骤 13**　观察发现，调整后模特所处位置合适，但背景略空，可以尝试使用各种装饰性文字进行美化，并突出卖点。单击"横排文字工具"按钮 T，输入英文"SIMPLE AND STYLISH"，如图 6-59 所示。

⊙**步骤 14**　在工具选项栏中单击"切换字符和段落面板"按钮 ，弹出"字符"面板，修改字体为"思源黑体"、字号为"140 点"、行间距为"120 点"，如图 6-60 所示。

图 6-59　输入文本内容

图 6-60　设置文本格式

⊙ **步骤15** 使用Ctrl+T快捷键调整文本位置，将其移动至画面右侧，调整后效果如图6-61所示。

⊙ **步骤16** 在"图层"面板中选择详情页素材文件中的文字图层"FASHION INFLUX"，按Ctrl+J快捷键复制图层后，单击"移动工具"按钮⊞，将复制后的文本移动到画面左上角，并将文本颜色更改为黑色，效果如图6-62所示。

图 6-61　调整文本位置　　　　　　　　　图 6-62　复制文本并调整文本位置及颜色

⊙ **步骤17** 在"图层"面板中单击"创建新组"按钮▢，创建图层组并重命名图层组为"1"，将"图层1"图层和相关的文字图层移至图层组"1"中，如图6-63所示。

⊙ **步骤18** 单击"横排文字工具"按钮▣，输入文本"时尚潮男穿搭"，在"字符"面板中，设置字体为"思源黑体"、字号为"70点"、行间距为"70点"，设置完成后，文本效果如图6-64所示。

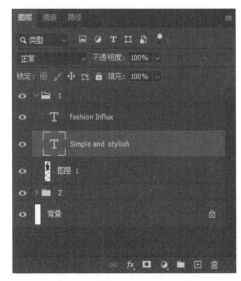

图 6-63　创建与管理图层组　　　　　　　图 6-64　添加文本并设置文本格式

⊙**步骤 19** 单击"钢笔工具"按钮 ⫯ ，在"路径"面板中新建工作路径，绘制一个异形选区，如图 6-65 所示。

⊙**步骤 20** 在工作路径上右击鼠标，在弹出的快捷菜单中选择"建立选区"命令。随后，在弹出的"建立选区"对话框中设置"羽化半径"为 0 像素，单击"确定"按钮，新建空白图层，并为新创建的图层填充"#ffce5e"颜色，完成操作后的图像效果如图 6-66 所示。

图 6-65　绘制异形选区

图 6-66　填充选区颜色

⊙**步骤 21** 将新创建的图层移动至模特图像图层和文字图层的下方，图像效果如图 6-67 所示。

⊙**步骤 22** 重复步骤 19 至步骤 20 介绍的操作，单击"钢笔工具"按钮 ⫯ ，绘制一个异形选区，为其填充"#ffce5e"颜色并调整位置，完成调整后的图像效果如图 6-68 所示。

图 6-67　调整图层顺序

图 6-68　添加第 2 个异形选区

⊙步骤 23　单击"横排文字工具"按钮 **T**，输入文本"//////////////////////////////"，随后，在"字符"面板中设置字体为"思源黑体"、字号为"30 点"，旋转并移动文本位置，调整后效果如图 6-69 所示。

⊙步骤 24　切换至"男模 1"图像窗口，选择抠取的模特图像，按住鼠标左键并拖曳，将其移动至"男装详情页"图像窗口中，放置在合适的位置，并按 Ctrl+T 快捷键，调整模特图层的大小，调整后效果如图 6-70 所示。

图 6-69　添加文本并设置文本字体格式

图 6-70　移动模特图像并调整大小及位置

⊙步骤 25　单击"矩形选框工具"按钮 ▦，框选模特图像超出"基础信息"模块背景素材的部分，按 Delete 键，删除多余图像，效果如图 6-71 所示。

⊙步骤 26　调整"男模 3"图层的位置，将其置于图层组"2"中，并将图层组"2"整体向上移动，与图层组"1"对齐，调整后效果如图 6-72 所示。

图 6-71　删除多余图像

图 6-72　调整画面中各素材的位置

◉步骤27　在工具箱中单击"切片工具"按钮 ✂ 后，在图像编辑窗口中按住鼠标左键并拖曳，将海报部分切出来，随后，执行"文件"|"导出"|"存储为 Web 所用格式"命令，在弹出的"存储为 Web 所用格式"对话框中修改格式为"JPEG"，单击"存储"按钮，弹出"将优化结果存储为"对话框，设置文件名和保存路径后单击"保存"按钮，即可存储详情页图片，并查看详情页图片的最终效果，如图 6-73 所示。

图 6-73　详情页图片的最终效果

 # 项目评价

## 学生自评表

表 6-1　技能自评

| 序号 | 技能点 | 达标要求 | 学生自评 | |
|---|---|---|---|---|
| | | | 达标 | 未达标 |
| 1 | 使用 Photoshop 抠取纯色背景中的模特图像 | 要求一：能够使用钢笔工具抠取纯色背景中的模特图像<br>要求二：能够使用套索工具抠取素材元素并合成背景<br>要求三：能够使用文字工具完成文字编排<br>要求四：能够按照要求导出正确格式的图片 | | |

（续表）

| 序号 | 技能点 | 达标要求 | 学生自评 | |
|---|---|---|---|---|
| | | | 达标 | 未达标 |
| 2 | 使用 Photoshop 抠取复杂背景中的模特图像 | 要求一：能够综合使用多种工具抠取复杂背景中的模特图像<br>要求二：能够使用形状工具完成边框制作<br>要求三：能够使用文字工具完成文字编排<br>要求四：能够按照要求导出正确格式的图片 | | |

表6-2　素质自评

| 序号 | 素质点 | 达标要求 | 学生自评 | |
|---|---|---|---|---|
| | | | 达标 | 未达标 |
| 1 | 独立设计和执行的能力 | 要求一：能够按照要求独立完成设计<br>要求二：能够选择合适的工具完成操作<br>要求三：具有一定的执行能力 | | |
| 2 | 良好的信息素养和学习能力 | 要求一：具有信息收集、整合和使用的能力<br>要求二：学习能力强，能主动接受新知识 | | |
| 3 | 独立思考和创新的能力 | 要求一：遇到问题时善于思考<br>要求二：具有解决问题的能力和创新意识<br>要求三：善于提出新观点、新方法 | | |

# 教师评价表

表6-3　技能评价

| 序号 | 技能点 | 达标要求 | 教师评价 | |
|---|---|---|---|---|
| | | | 达标 | 未达标 |
| 1 | 使用 Photoshop 抠取纯色背景中的模特图像 | 要求一：能够使用钢笔工具抠取纯色背景中的模特图像<br>要求二：能够使用套索工具抠取素材元素并合成背景<br>要求三：能够使用文字工具完成文字编排<br>要求四：能够按照要求导出正确格式的图片 | | |
| 2 | 使用 Photoshop 抠取复杂背景中的模特图像 | 要求一：能够综合使用多种工具抠取复杂背景中的模特图像<br>要求二：能够使用形状工具完成边框制作<br>要求三：能够使用文字工具完成文字编排<br>要求四：能够按照要求导出正确格式的图片 | | |

表6-4  素质评价

| 序号 | 素质点 | 达标要求 | 教师评价 | |
|---|---|---|---|---|
| | | | 达标 | 未达标 |
| 1 | 独立设计和执行的能力 | 要求一：能够按照要求独立完成设计<br>要求二：能够选择合适的工具完成操作<br>要求三：具有一定的执行能力 | | |
| 2 | 良好的信息素养和学习能力 | 要求一：具有信息收集、整合和使用的能力<br>要求二：学习能力强，能主动接受新知识 | | |
| 3 | 独立思考和创新的能力 | 要求一：遇到问题时善于思考<br>要求二：具有解决问题的能力和创新意识<br>要求三：善于提出新观点、新方法 | | |

 课后拓展

# 7 种 photoshop 抠图方法及适用情况

虽然 Photoshop 中用于抠图的方法非常多，但没有既简单、好用，又适用于所有情况的抠图方法，需要用户根据素材的复杂程度和抠图目的，选择相应的工具完成抠图。Photoshop 中常用的抠图方法有钢笔工具抠图、魔术棒抠图、色彩范围抠图、套索工具抠图、魔术橡皮擦抠图、蒙版抠图以及通道抠图，下面详细介绍这 7 种抠图方法分别适用于什么类型的素材。

（1）钢笔工具抠图

钢笔工具抠图适用于处理外形复杂、不连续、色差不大的素材，优点是加工精度高、边缘平滑无毛刺，缺点是操作过程较复杂，需要多练习。操作过程中，往往需要放大边界点来进行抠图。

（2）魔术棒抠图

魔术棒抠图适用于处理图像颜色和背景色色差明显、背景单一、图像边界清晰的素材，优点是操作简单、便捷，缺点是对素材质量要求较高，且边缘不平滑，容易有毛刺。

（3）色彩范围抠图

色彩范围抠图适用于处理背景色单一、图像分明的素材，优缺点同魔术棒抠图相似。

（4）套索工具抠图

套索工具中最常用于抠图的是磁性套索工具，适用于处理图像边界清晰的素材，使用时，磁性套索会自动识别并黏附在图像边界上，优点是操作方便，缺点是如果边界模糊或过于复杂，容易生成不需要的节点，不好调整和控制。

（5）**魔术橡皮擦抠图**

魔术橡皮擦抠图适用于处理背景色单一、图像颜色与背景色对比强烈、边界清晰的素材，优点是操作方便、快捷、简单，缺点是对素材质量要求较高。

（6）**蒙版抠图**

蒙版抠图快速、直观、适用范围广，可以配合其他工具共同完成抠图操作，优点是便于保留原图的完整性，缺点是涉及的操作步骤较多、容易混淆的操作较多，新手不易掌握。

（7）**通道抠图**

通道抠图适用于处理色差不大、外形复杂的素材，比如毛发、树枝等，优点是能够抠取半透明、透明状态或蕾丝材质的物品图像，缺点同蒙版抠图相似。

 **思政园地**

# 如何合法合规地完成商用商品主图设计？

进行商用商品主图设计时，很多美工从业人员经常会遇到一个问题：店铺负责人要求制作一组商品主图，却没有提供商品的实物拍摄图片。在这种情况下，设计并制作商品主图时抠取他人的图片，换背景后合成新图，算侵权吗？如果对方的图片也是用各种素材拼起来的，把这些素材拆分并替换部分素材后合成新图，算侵权吗？

以上做法都算侵权。作品版权包括保护作品完整权及修改权，拆分素材的行为侵犯了原著作权人的保护作品完整权。

那么，应该如何合法合规地完成商用商品主图的设计与制作呢？

第一，让店铺负责人提供商品的实物拍摄图片，或者是已获得授权的商品图、模特图。

第二，合成商品主图的其他元素使用已获得授权的正规素材，或者没有版权的免费素材，当然，也可以自己完成绘制或制作。

第三，保留设计过程中的所有原始文件，以便遭遇侵权问题时，能够拿出有力的证据保护自己的权益。

**请针对素材，思考以下问题。**

作为美工从业人员，在进行商用商品主图设计时要注意哪些法律法规问题？

_____

_____

_____

巩固练习

## 一、选择题（单选）

1. 魔棒工具的快捷键是（　　）。

    A. I　　　　　　　　　　　　　　　B. T

    C. P　　　　　　　　　　　　　　　D. W

2. 钢笔工具的快捷键是（　　）。

    A. I　　　　　　　　　　　　　　　B. T

    C. P　　　　　　　　　　　　　　　D. W

3. 使用"色彩范围"功能，需要单击（　　）按钮，在弹出的下拉列表中进行选择。

    A. 选择　　　　　　　　　　　　　B. 图像

    C. 编辑　　　　　　　　　　　　　D. 滤镜

4. 　　是（　　）工具的图标。

    A. 魔棒　　　　　　　　　　　　　B. 渐变

    C. 吸管　　　　　　　　　　　　　D. 钢笔

5. 多边形套索工具属于（　　）。

    A. 渐变工具　　　　　　　　　　　B. 钢笔工具

    C. 矩形工具　　　　　　　　　　　D. 套索工具

6. 进行精细抠图时，最适合使用的工具（功能）是（　　）。

    A. 套索工具　　　　　　　　　　　B. 魔棒工具

    C. "色彩范围"功能　　　　　　　　D. 钢笔工具

## 二、判断题

1. 使用套索工具，可以精准地抠取图像。（　　）

2. 使用钢笔工具，可以精准地抠取图像。（　　）

3. 钢笔工具的快捷键是 W。（　　）

4. 按 Ctrl+J 快捷键，可以对所选择的图层进行复制。（　　）

5. 魔棒工具的快捷键是 P。（　　）

6. 抠取任何图像，都应该使用钢笔工具，以保证抠图的精准。（    ）

7. 钢笔工具的控制手柄越长，线条的弧度越大。（    ）

8. 色彩范围抠图适用于处理纯色背景且背景色与主体物颜色色差明显的素材。（    ）

## 三、简答题

1. 与钢笔工具有关的常用 Photoshop 名词有哪些？

_____

_____

_____

2. 简要介绍有关"节点"的知识。

_____

_____

_____

3. 你认为抠取图像时节点越多越好还是越少越好？为什么？

_____

_____

_____

# 项目七

# 制作网店海报图片

 **项目导入**

在电商平台上，制作并展示海报图片是商家在做营销的过程中经常使用的、最基本的营销手段之一，很多品牌会在自己店铺的首页、商品详情页、活动促销页、直播贴片、直播背景中展示各种尺寸和内容的电商海报，提高产品的曝光量与吸引力，达到传递信息的目的。电商海报不仅需要有好看的排版，还需要有浓烈的商业色彩。一张优秀的电商海报要有新颖的 LOGO、吸引人的标题、美观大方的设计，以及富有创新亮点的核心主题，如图 7-1 所示。

图 7-1 电商海报效果

图 7-1　电商海报效果（续）

　　电商海报属于海报，同样由文字和图形构成，但通常情况下，电商海报的商业属性更为明显。设计并制作电商海报，以售卖商品或传播品牌形象为目的，不能太过艺术，导致潜在消费者看不懂，也不能太过复杂，导致潜在消费者抓不住重点。简明扼要、信息突出在电商海报设计与制作中是至关重要的。

　　本项目将介绍使用Photoshop蒙版工具、画笔工具的方法，以及电商海报设计工作中常见的规范，并通过制作合成海报和创意海报，介绍组合使用Photoshop多种工具的技巧。

## 教学目标

### 知识目标

①学生能够说出蒙版工具的作用和分类。

②学生能够举例说明画笔工具的设置方法及使用方法。

③学生能够举例说明海报中装饰元素的使用方法。

④学生能够举例说明文字工具的使用方法。

⑤学生能够举例说明滤镜工具的使用方法。

## 能力目标

①学生能够使用蒙版工具与画笔工具制作海报。

②学生能够独立制作完成一张合成海报。

③学生能够合理地给海报添加线条和块面装饰元素。

④学生能够组合使用 Photoshop 中的各种常用工具制作一个完整的电商海报。

## 素质目标

①学生具有良好的信息素养和学习能力。

②学生具有独立思考能力和创新能力。

③学生具有独立设计和执行的能力。

# 课前导学

## 一 蒙版工具

在 Photoshop 中，蒙版工具是非常重要的编辑工具之一，可以帮助美工从业人员实现非常复杂的图像编辑，下面介绍蒙版工具的具体使用方法。

### 1. 蒙版的作用

蒙版是可以将图片内容遮盖起来，操作时不影响图片内容本身的编辑工具，使用蒙版的过程中，黑色的部分为遮盖部分，白色的部分为不遮盖部分，灰色的部分为半遮盖部分。应用蒙版的效果如图 7-2 所示。

图 7-2　蒙版工具的应用效果

**2. 蒙版的分类**

蒙版分为图层蒙版、矢量蒙版、快速蒙版、剪贴蒙版，其中，图层蒙版的使用率最高。接下来，分别对 4 种蒙版进行详细介绍。

（1）图层蒙版

图层蒙版不仅可以用于显示或隐藏图层的部分内容，还可以用于制作淡入淡出的羽化效果，使图像的合成效果更加自然，是图像合成中应用最广泛的工具之一。单击"图层"面板底部的"添加图层蒙版"按钮，即可给当前所选择图层添加图层蒙版，如图 7-3 所示。

（2）矢量蒙版

矢量蒙版，也被称为路径蒙版，指的是可以任意放大或缩小的蒙版，清晰度不会因放大或缩小操作而被影响。选择目标图层，在按住 Alt 键的同时单击"图层"面板底部的"添加图层蒙版"按钮，即可添加矢量蒙版，如图 7-4 所示。在矢量蒙版内，只能使用矢量工具，不能使用画笔工具、套索工具等工具。

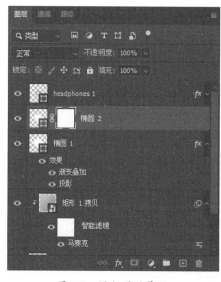
图 7-3　添加图层蒙版

图 7-4　添加矢量蒙版

（3）剪贴蒙版

使用剪贴蒙版，可以用下方图层的形状控制上方图层的图像显示区域，让上方图层的内容只在下方图层的像素范围内显示。创建剪贴蒙版后，蒙版中的下方图层名称下出现下划线，而被剪贴的图层缩略图中将显示剪贴蒙版图标。创建剪贴蒙版的方法很简单，在"图层"面板中选择目标图层，右击鼠标，在弹出的快捷菜单中选择"创建剪贴蒙版"命令即可，创建后效果如图 7-5 所示。

> 提示　剪贴蒙版可以有多个内容图层，但这些图层必须是相邻、连续的图层，以便使用一个剪贴蒙版控制多个图层的显示区域。

#### （4）快速蒙版

想对选区进行微修或预览时，如改变选区的羽化效果、预览羽化后的选区、对选区使用滤镜、试图精确地用带柔边的绘图工具改变选区等，使用快速蒙版很方便。

添加快速蒙版的方法很简单，在工具箱中单击"以快速蒙版模式编辑"按钮 即可。

添加快速蒙版后，可以使用绘制类工具创建不同外观的选区，或者依托现有选区，在区域中添加或减去选区范围，改变选区外观。

> 提示 使用快捷键 Q，可以在标准模式和快速蒙版间进行便捷切换。

图 7-5　添加剪贴蒙版

### 二　画笔工具

画笔工具是用于绘制图像的工具，可以用来上色、画线等，手绘时很常用，画出的线条边缘比较柔和、流畅。画笔工具组如图 7-6 所示。

#### 1. 画笔预设

画笔工具的快捷键是 B，默认使用前景色进行绘图，修改设置后可以同时使用多种颜色进行绘图。在工具箱中单击"画笔工具"按钮 后，工具选项栏如图 7-7 所示。

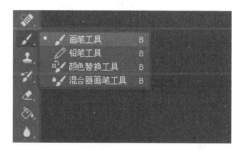

图 7-6　画笔工具组

开始绘图之前，应选择所需要的画笔的笔尖形状和大小，并设置不透明度、流量等画笔属性。

图 7-7　画笔工具的工具选项栏

Photoshop 中有许多常用的预设画笔，单击工具选项栏中画笔预设右边的三角按钮 ，弹出画笔预设下拉列表框，拖动滚动条即可浏览、选择所需要的预设画笔，如图 7-8 所示。

在画笔预设下拉列表框中，可以设置画笔的大小和硬度，"大小"参数用于控制画笔的粗细，"硬度"参数用于控制画笔边缘的柔和程度。

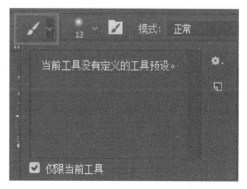

图 7-8　"画笔预设"下拉列表框

219

#### 2. 修改高级参数

按 F5 快捷键，弹出"画笔设置"面板，如图 7-9 所示，在该面板中可以修改画笔工具的高级参数。在"画笔设置"面板中，各选项含义如下。

①画笔笔尖形状：用于设置画笔的角度及圆度，也可以设置间距。设置过的画笔比默认的画笔好用，也更容易画出自己想要的效果。

②形状动态：用于微调画笔的尺寸、角度和圆度，如果使用数位板绘图，可以设置倾斜缩放比例，选项区如图 7-10 所示。

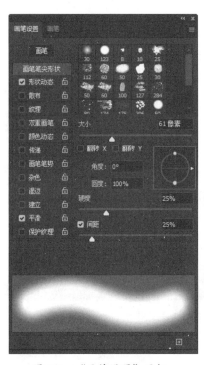

图 7-9 "画笔设置"面板　　图 7-10 "形状动态"选项区

③散布：用于通过设置将绘图点散布到笔画路径的四周，选项区如图 7-11 所示。

④纹理：用于通过调整深度、高度、对比度和抖动的数值，改变绘制效果，增加路径绘制的纹理感，选项区如图 7-12 所示。

⑤双重画笔：用于在原有画笔的基础上叠加一个画笔，得到新的画笔，选项区如图 7-13 所示。

⑥颜色动态：用于改变颜色的设置属性，绘制出颜色变化效果，选项区如图 7-14 所示。

图 7-11　"散布"选项区

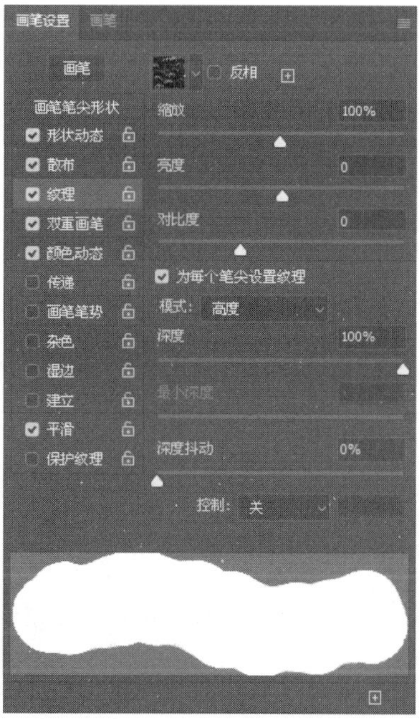

图 7-12　"纹理"选项区

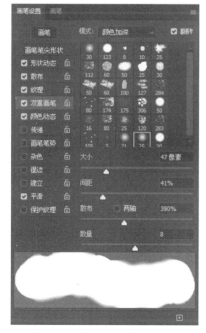

图 7-13　"双重画笔"选项区

图 7-14　"颜色动态"选项区

　　⑦传递：用于设置所绘制的内容的可见度（流量和不透明度），可以调整流量及不透明度的抖动数值，选项区如图 7-15 所示。

⑧画笔笔势：用于调整毛刷画笔笔尖、侵蚀画笔笔尖的角度，可以得到有更多笔势变化的笔迹效果，选项区如图 7-16 所示。

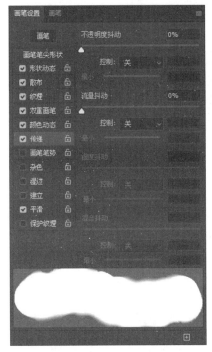

图 7-15　"传递"选项区　　　　图 7-16　"画笔笔势"选项区

⑨杂色：用于为个别画笔笔尖增加随机性，应用于包含灰度值的画笔笔尖时，该选项的设置效果最明显。

⑩湿边：用于沿画笔描边的边缘调整油彩数量，创建水彩效果。

⑪建立：用于将渐变色调应用于图像，同时模拟传统的喷枪技术效果。该选项与工具选项栏中的喷枪选项相对应，勾选"建立"复选框，或者单击工具选项栏中的"喷枪"按钮 ，都能启用喷枪功能。

⑫平滑：用于在画笔描边中绘制更平滑的曲线。使用压感笔进行快速绘画时，该选项的设置效果最明显，但是在描边渲染中，设置该选项可能会导致轻微的效果滞后。

⑬保护纹理：用于将相同的图案和缩放比例应用于具有纹理的所有画笔预设。选择该选项后，使用多个纹理画笔，可以模拟一致的画布纹理。

### 3. 导入外部画笔

单击"画笔工具"按钮后，在工具选项栏中单击"点按可打开'画笔预设'选取器"按钮 ，弹出"画笔预设"选取器，单击选取器右上角的"设置"按钮 ，弹出列表框，选择"导入画笔"命令，即可导入外部画笔，如图 7-17 所示。

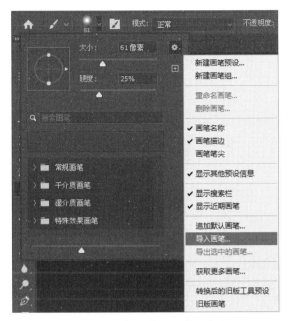

图 7-17　选择"导入画笔"命令

### 4. 自定义画笔

使用 Photoshop 时，我们常常需要在画面中添加一些特殊的形状，有时甚至需要大量添加同样的特殊形状，逐个绘制这些形状需要花费大量时间，这时，可以将特殊形状自定义成画笔进行批量添加，提高效率，节约时间。当然，我们也可以在互联网上搜索好用的自定义画笔，下载"*.abr"格式的文件，选择"导入画笔"命令，将自定义画笔添加到画笔样式中。

选择想要定义为画笔的图形，执行"编辑"|"定义画笔预设"命令，弹出"画笔名称"对话框，如图 7-18 所示，设置画笔名称，单击"确定"按钮，即可定义成功。

图 7-18　"画笔名称"对话框

在画笔工具的工具选项栏中选择自定义的画笔样式后，在图像编辑窗口中单击，即可画出目标形状，如图 7-19 所示。

图 7-19　用预设画笔绘制特殊形状

提示　按 F5 键，也可以在"画笔设置"面板中找到预设的画笔样式。

### 5. 导出画笔

使用"预设管理器"功能，不但可以方便地导入画笔，还可以快速导出自定义画笔，将画笔样式进行保存，以方便在其他计算机上使用。导出画笔的方法很简单，执行"编辑"|"预设"|"预设管理器"命令，弹出"预设管理器"对话框，如图 7-20 所示，选择需要导出的画笔，单击"存储设置"按钮，按提示进行操作即可。

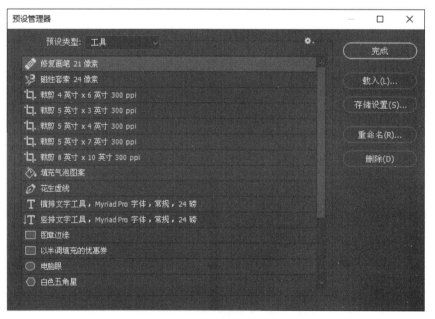

图 7-20　"预设管理器"对话框

## 三 字体分类

在海报制作过程中，除主体素材、背景素材外，最重要的传递信息的素材是海报文案。作为一个美工，要清楚字体使用规范，除字体的版权规范外，还要了解字体的基本分类。正所谓"世事洞明皆学问"，小小的字体里面也有大大的学问。接下来，我们对常见的衬线体与无衬线体进行简单介绍。

### 1. 衬线体

衬线又被称为"字脚"，衬线体（Serif）即有边角装饰的字体，笔画粗细不一且有明显笔锋，如图7-21所示。

因为书写后的笔画起始处与结尾处易出现毛糙，所以直接在笔画开始、结束与转角处增加装饰，形成衬线——大多数人认为这是衬线体设计的起源。中文字体中的宋体就是标准的衬线体之一。

衬线体的装饰性很强，但作为文章正文排版的时候会略显凌乱，在阅读感方面有劣势，所以，不适合在商务型PPT中使用，可以用在仅使用少量文字做装饰的场合。

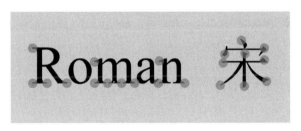

图7-21　中英典型衬线体Times New Roman与宋体

衬线体优雅、复古，常见于时尚品牌的宣传海报，比如，备受时尚界人士宠爱的DIOR就酷爱在自己的品牌海报中使用衬线体文字。正确使用字体，可以为设计增色不少，文字元素甚至有时会超越图形元素，占据主导作用，如图7-22所示。

图7-22　DIOR海报

### 2. 无衬线体

无衬线体（Sans-serif）与衬线体相反，通常是机械、统一粗细的线条，没有边角的装饰。换句话说，就是笔画粗细一致、没有笔锋的字体，如图 7-23 所示。

中文字体中的黑体就是标准的无衬线体之一。无衬线体兴起于 20 世纪 80 年代，后随着"简约美"理念开始风行，最具代表性的是 1957 年上市后一直风靡至今的 Folio、Helvetica、Univers 等西文字体。

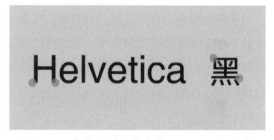

图 7-23　中英典型无衬线体 Helvetica 与黑体

无衬线体的装饰性一般，但阅读性较好，能给受众休闲、轻松的感觉，适合用于文章的正文排版。

> 提示　无衬线体的技术感和理性气质很受科技型企业或品牌的青睐，比如，近年来微软就将 LOGO 上的字体改为了无衬线体。

## 四　海报装饰元素的使用

在海报中，经常会有各种各样的线条或块面作为背景素材出现，作为一个美工 / 设计师，要明白为什么要在制作海报的过程中添加这些线条与块面。

### 1. 海报中线条的使用

线条在海报设计与制作中的作用包括但不限于标识重点信息、分割画面信息、引导视线、丰富视觉效果。

设计与制作海报时利用线条标识重点信息，能够强化主标题传递的信息，使海报内容更便于受众接受，如图 7-24 所示。

图 7-24　利用线条标识重点信息（Md Riyad Mostofa 模板作品）

设计与制作海报时利用线条分割画面信息，能够平衡主体物与文案的关系，使海报区域化感觉更强，如图 7-25 所示。

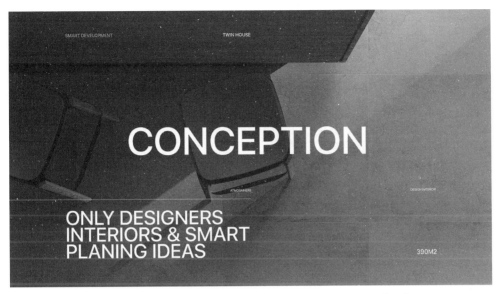

图 7-25　利用线条分割画面信息（KAREN KAPRANOV 作品）

设计与制作海报时利用线条引导视线，能够让受众遵循设计师的思路浏览海报信息，使海报更富有层次感，如图 7-26 所示。

图 7-26　利用线条引导视线（KAREN KAPRANOV 作品）

设计与制作海报时利用线条丰富视觉效果，能够让画面更有美感，使海报拥有更多装饰元素，如图 7-27 所示。

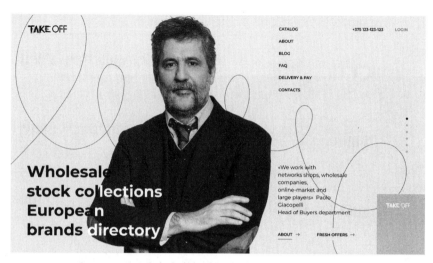

图 7-27　利用线条丰富视觉效果（Ilya Fedorenko 作品）

## 2. 海报中块面的使用

块面在海报设计与制作中的作用包括但不限于强调重点信息、关联与分割画面、丰富视觉效果，如图 7-28 所示。

图 7-28　有装饰元素与无装饰元素对比（张秉焱作品）

设计与制作海报时利用块面强调重点信息，能够强化与突出产品或者主标题传递的信息，使海报内容更便于受众接受。如图 7-29 所示，倒三角形的块面突出这则广告的核心是鞋类产品的折扣信息。

设计与制作海报时利用块面关联或分割画面，能够使画面变为一个更紧密的整体或拥有不同的区域，使海报更富有层次感。

如图 7-30 所示，用特殊形状蒙版嵌套画面，能够使该海报中的信息更加协调统一为一个整体。

图 7-29　利用块面强调重点信息

（Jane Alom Sahed 作品）

图 7-30　利用块面关联画面信息

（Pölar Studio 作品）

如图 7-31 所示，利用块面分割画面，能够使海报中的信息更有层次感。

图 7-31　利用块面分割画面（Catarina Freitas 作品）

**五　滤镜工具**

在制作海报的过程中，如果可用的主体素材质量参差不齐，要学会使用 Photoshop 中的滤镜工具优化素材。

使用滤镜，可以为创作的作品添加丰富的视觉效果，比如浮雕效果、球面化效果、光照效果、模糊效果、风吹效果等。在 Photoshop 中，有一个专门的"滤镜"菜单栏，如图 7-32 所示。

选择"滤镜"菜单中的某一项命令，可以打开相应的属性设置对话框进行属性设置。对于大多数滤镜来说，使用方法是相同的，即执行命令后弹出目标滤镜对话框，根据需要设置参数后关闭对话框，即可应用目标滤镜。

下面对"滤镜"菜单中的部分重要功能进行介绍。

### 1. Camera Raw 滤镜

Camera Raw 滤镜是一个增效工具，可以直接用于优化图片整体效果，并调整锐化、模糊等效果，实现对多个图片参数的调整。Camera Raw 滤镜的数值调整逻辑接近于单反相机的设置调整逻辑，因此，使用 Camera Raw 滤镜后呈现的效果符合相机逻辑阈值，并且更自然、更和谐。Camera Raw 滤镜调节界面如图 7-33 所示。

图 7-32　"滤镜"菜单栏

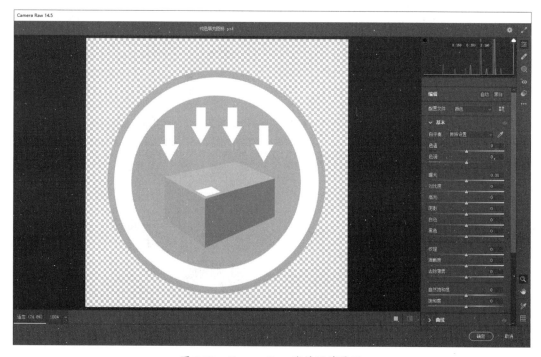

图 7-33　Camera Raw 滤镜调节界面

Camera Raw 滤镜调节界面的中间部分是视图区域，如 7-34 所示，可以直接观察到调整参数后的效果变化。

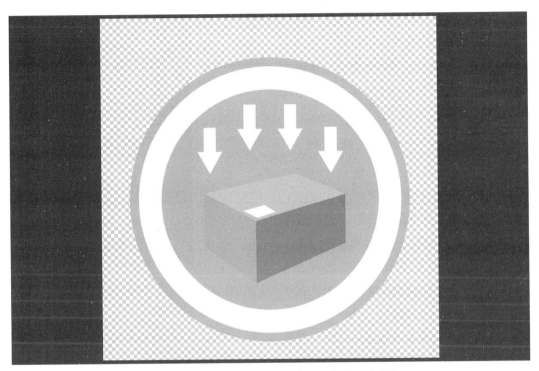

图 7-34　Camera Raw 滤镜调节界面中的视图区域

　　Camera Raw 滤镜调节界面的右上角是直方图区域，如 7-35 所示，用户可以在此区域中通过可视化数据了解图片拍摄情况。此视图可以直接在 Photoshop 中调出，有经验的美工或摄影师，可以直观地通过直方图解读图片制作 / 拍摄情况。直方图的横轴用于显示画面的明暗信息，纵轴用于显示画面的明亮程度。

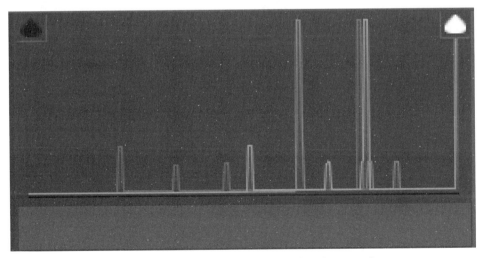

图 7-35　Camera Raw 滤镜调节界面中的直方图区域

Camera Raw 滤镜调节界面的右侧中下部分是 Camera Raw 滤镜的参数调整区域，如 7-36 所示，用户可以使用滑块调整数值或直接输入目标数值完成调整，调整后的效果会立刻在视图区域显现。

### 2. 模糊

在 Photoshop 中，执行"模糊"滤镜组中的命令，可以为图像中过于清晰或对比度过于强烈的区域添加不同的模糊效果，其操作原理是通过平衡图像中已定义的线条和遮蔽区域清晰边缘旁边的像素，使变化显得柔和。"滤镜"|"模糊"菜单中有 11 种滤镜效果；"滤镜"|"模糊画廊"菜单中有 5 种滤镜效果，如图 7-37 所示。

执行不同的模糊命令，会得到不同的图像效果，接下来介绍常用的模糊滤镜的应用方法。

图 7-36　Camera Raw 滤镜调节界面中的参数调整区域

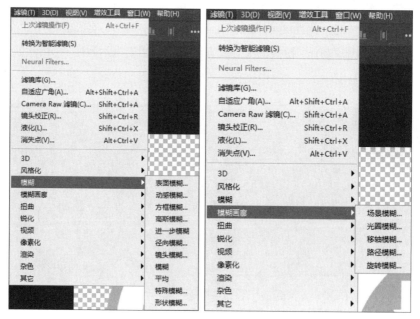

图 7-37　"模糊"菜单和"模糊画廊"菜单

### （1）表面模糊

表面模糊指在保持边缘清晰的同时模糊图像，该滤镜用于添加特殊效果并消除杂色或粒度。执

行"滤镜"|"模糊"|"表面模糊"命令后，弹出"表面模糊"对话框，如图 7-38 所示。在"表面模糊"对话框中，可以调整两个参数，分别是"半径"与"阈值"，半径是作用于效果的像素点大小；阈值是效果的临界点（低于某个临界点时无效果）。拖动滑块或直接输入数值，即可在"表面模糊"对话框中看到最终效果，调整至合适数值后，单击"确定"按钮，目标图层会发生相应的变化。

（2）动感模糊

动感模糊用于模拟拍摄运动物体时呈现的动态效果。执行"滤镜"|"模糊"|"动感模糊"命令后，弹出"动感模糊"对话框，如图 7-39 所示。在"动感模糊"对话框中，可以调整两个参数，分别是"角度"与"距离"，角度是动感模糊的方向；距离是动感模糊的范围。拖动滑块或直接输入数值，即可在"动感模糊"对话框中看到最终效果，调整至合适数值后，单击"确定"按钮，目标图层会发生相应的变化。动感模糊适用于运动海报，在体现速度效果时使用。

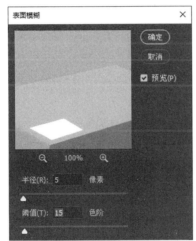
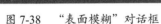

图 7-38　"表面模糊"对话框　　　图 7-39　"动感模糊"对话框

（3）高斯模糊

高斯模糊是所有模糊效果中最基础、最常用的模糊效果。执行"滤镜"|"模糊"|"高斯模糊"命令后，弹出"高斯模糊"对话框，如图 7-40 所示。在"高斯模糊"对话框中，可以通过调整"半径"参数实现模糊效果的强弱变化。相对于"模糊"命令而言，高斯模糊拥有可以调整模糊强弱力度的滑块，且模糊运算更随机，实现的模糊效果更自然。

（4）进一步模糊

使用"进一步模糊"滤镜，可以在图像中有显著颜色变化的地方消除杂色，通过平衡已定义的线条和遮蔽区域清晰边缘旁边的像素，使变化更加柔和。

（5）径向模糊

径向模糊用于模拟前后移动相机或者旋转相机拍摄物体时的效果，得到旋转状的模糊效果或放

射状的模糊效果。执行"滤镜"|"模糊"|"径向模糊"命令后，弹出"径向模糊"对话框，如图 7-41 所示。在"径向模糊"对话框中勾选"旋转"单选按钮，可以设置沿同心圆环线模糊；勾选"缩放"单选按钮，可以设置沿径向线模糊，在"数量"参数栏中，可以指定 1 到 100 之间的模糊值。

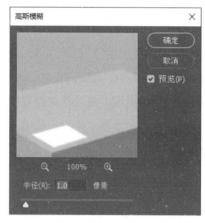
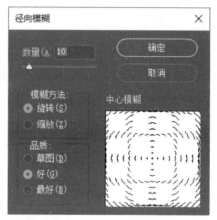

图 7-40　"高斯模糊"对话框　　　图 7-41　"径向模糊"对话框

### 3. 锐化

锐化效果，可以通过执行"滤镜"菜单中的"锐化"命令完成添加，"锐化"相关命令如图 7-42 所示。执行"滤镜"|"锐化"菜单中的命令，能够快速聚焦模糊边缘，提高图像中某一部分的清晰度或者焦距程度，使图像中特定区域的色彩更加鲜明。如果说模糊是对像素点的扩散，那么锐化就是反向操作，强化像素点之间的对比度与区隔度。需要注意的是，如果原素材图像边缘并不清晰，无法将素材图像锐化至拥有锐利边缘的程度。接下来介绍常用的锐化滤镜的应用方法。

（1）USM 锐化

USM 锐化用于锐化图像边缘，通过调整图像边缘细节的对比度及在边缘两侧分别生成一条亮线和一条暗线，使画面整体更加清晰。执行"滤镜"|"锐化"|"USM 锐化"命令，弹出"USM 锐化"对话框，如图 7-43 所示。"USM 锐化"对话框中有 3 个参数可以调整，分别是"数量""半径""阈值"，数量是效果强度；半径是作用于效果的像素点大小；阈值是效果的临界点（低于某个临界点时无效果）。拖动滑块或直接输入数值，即可在"USM 锐化"对话框中预览调整效果，调整至合适数值后，单击"确定"按钮，目标图层会发生相应的变化。

（2）智能锐化

智能锐化是 USM 锐化的升级版，一般用于去除对焦不准的照片的模糊效果。相对于"USM 锐化"滤镜来说，使用"智能锐化"滤镜能分别对高光或阴影进行锐化，较好地去除锐化时产生的光晕。执行"滤镜"|"锐化"|"智能锐化"命令，弹出"智能锐化"对话框，如图 7-44 所示。"智能锐化"对话框中有"基础调整""阴影""高光" 3 个分区，拖动滑块或直接输入数值，即可在"智能锐化"

对话框中预览调整效果，调整至合适数值后，单击"确定"按钮，目标图层会发生相应的变化。

图 7-42    "锐化"菜单栏

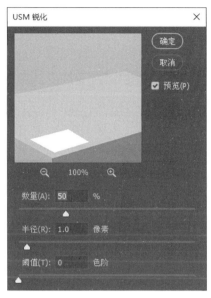

图 7-43    "USM 锐化"对话框

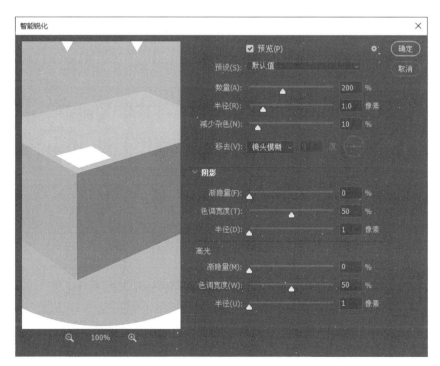

图 7-44    "智能锐化"对话框

在"智能锐化"对话框中，不仅可以针对画面整体，或阴影、高光部分进行单独调整，还可以在"预设"列表框中更改相关预设值,如 7-45 所示。

### 4. 液化

液化效果,可以通过执行"滤镜"菜单中的"液化"命令完成添加。"液化"滤镜的主要功能是处理图片的时候实现局部放大、缩小、扭曲变形等,例如,人脸的变瘦、眼球的突出、眼睛的变大等。

图 7-45 "预设"列表框

执行"滤镜"|"液化"命令,弹出"液化"对话框,如图 7-46 所示。在"液化"对话框的左边,有褶皱工具、膨胀工具等 12 个工具,右边则是属性设置区,可以通过拖动滑块或输入数值,进行参数设置。

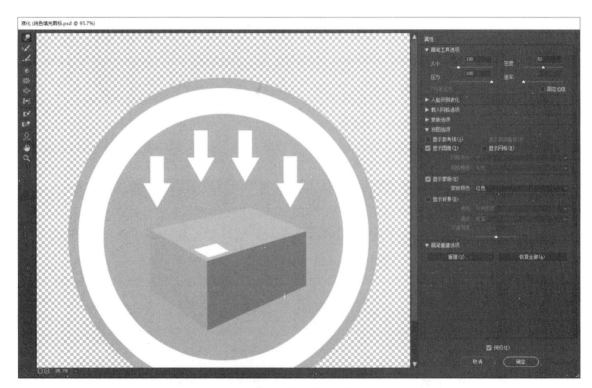

图 7-46 "液化"对话框

"液化"对话框中工具栏中的 12 个工具从上至下依次为向前变形工具、重建工具、平滑工具、顺时针旋转扭曲工具、褶皱工具、膨胀工具、左推工具、冻结蒙版工具、解冻蒙版工具、脸部工具、抓手工具、缩放工具,如图 7-47 所示,下面对其中常用的工具进行详细介绍。

（1）**向前变形工具**

使用该工具可以移动图像中的像素,得到变形效果。在图像编辑窗口中按住鼠标左键并拖曳,即可对画面进行拖拉,轻松实现改变图像轮廓的目的。

（2）**重建工具**

使用该工具在变形区域中单击鼠标，或在按住鼠标左键的同时拖曳鼠标进行涂抹，可以使变形区域的图像恢复到原始状态。

（3）**顺时针旋转扭曲工具**

使用该工具在图像中单击鼠标，或在按住鼠标左键的同时拖曳鼠标进行涂抹，图像会被顺时针旋转扭曲。在按住 Alt 键的同时进行同样的操作，图像会被逆时针旋转扭曲。

（4）**褶皱工具**

使用该工具在图像中单击鼠标，或在按住鼠标左键的同时拖曳鼠标进行涂抹，可以使像素向图像中心移动，为图像添加褶皱效果。

（5）**膨胀工具**

使用该工具在图像中单击鼠标，或在按住鼠标左键的同时拖曳鼠标进行涂抹，可以使像素以图像中心为中心点反向移动，为图像添加膨胀效果。

图 7-47　"液化"对话框中的工具栏

（6）**左推工具**

使用该工具，可以为图像添加挤压变形效果。使用该工具在图像上按住鼠标左键并垂直向上拖曳鼠标时，像素向左移动；垂直向下拖曳鼠标时，像素向右移动。按住 Alt 键的同时在图像上按住鼠标左键并垂直向上拖曳鼠标时，像素向右移动；垂直向下拖曳鼠标时，像素向左移动。使用该工具在图像上按住鼠标左键并围绕图像中心店顺时针拖曳鼠标，可增加图像大小；逆时针拖曳鼠标，则减小图像大小。

（7）**冻结蒙版工具**

使用该工具，可以在图像编辑窗口中绘制冻结区域，进行后续调整时，冻结区域内的图像不会变形。

（8）**解冻蒙版工具**

使用该工具在冻结区域按住鼠标左键并拖曳鼠标，能够解除对应区域的冻结。

（9）**抓手工具 / 缩放工具**

与 Photoshop 主界面中的抓手工具 / 缩放工具的使用原理相同，在此不予赘述。

> **提示** 使用液化工具，只能对一个图层进行处理，如果需要对多个图层进行液化处理，必须要把需要处理的图层进行合并。液化过的图像，像素会有失真，所以在使用液化工具处理素材时一定要注意，右侧具体数值要由小到大缓慢调整。

**Photoshop** 网店图片处理实训教程

# 课堂实训

## 任务一　制作合成海报

### 📖 任务描述

蒙版在 Photoshop 中的应用相当广泛，其最大特点是可以反复修改，不会影响图像本身的任何内容。如果对使用蒙版调整后的图像不满意，可以删除蒙版，原图像会重现。蒙版是一个神奇的工具，善用蒙版，是美工的基本功之一。

本任务的设置目的是带领大家使用蒙版工具处理海报素材，并通过使用画笔工具、添加图层样式，制作简单的合成海报。

### 📖 任务目标

①在 Photoshop 中打开人物素材文件。

②使用蒙版工具处理人物素材。

③将处理后的人物素材添加到海报中。

④根据设计需求对画笔工具进行相关设置。

⑤根据设计需求对图层样式进行相关设置。

⑥完成对合成海报的制作。

### 📖 任务实施

▷**步骤1**　双击计算机桌面上的 Adobe Photoshop 2022 程序图标，启动 Photoshop 软件。

▷**步骤2**　执行"文件"|"打开"命令，如图 7-48 所示。

▷**步骤3**　弹出"打开"对话框，选择"项目七素材"文件夹中的"蒙版抠图模特图"图像文件，如图 7-49 所示，单击"打开"按钮。

▷**步骤4**　打开所选择的图像文件后，在"图层"面板中双击"背景"图层，弹出"新建图层"对话框，单击"确定"按钮，即可解锁"背景"图层为"图层 0"图层，如图 7-50 所示。

▷**步骤5**　选择"图层 0"图层，单击"图层"面板底部的"添加蒙版"按钮◻，即可为"图层 0"图层添加蒙版图层，如图 7-51 所示。

图 7-48　执行"打开"命令

238

图 7-49　选择要打开的文件

图 7-50　解锁"背景"图层

图 7-51　添加蒙版图层

　　⊙**步骤6**　按D键，即可将前景色和背景色切换为默认前景色和默认背景色（即前景色为黑色，背景色为白色）。在工具箱中单击"画笔工具"按钮，后，在工具选项栏中单击"点按可打开'画笔预设'选取器"按钮，在弹出的"画笔预设"选取器中选择"硬边圆"画笔样式，并修改"大小"参数值为"250像素"，如图7-52所示。

　　⊙**步骤7**　选择"图层0"中的蒙版图层，使用黑色的画笔将模特图像外复杂的背景图像擦除（隐藏），效果如图7-53所示。

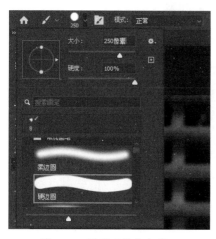

图 7-52　设置画笔参数值　　　　　图 7-53　擦除背景后的效果

⊙**步骤 8**　执行"文件"|"打开"命令，打开"项目七素材"文件夹中的"背景素材"图像文件，如图 7-54 所示。

图 7-54　打开素材图片

⊙**步骤 9**　在工具箱中单击"矩形工具"按钮▦后，在工具选项栏中修改填充色为白色，绘制一个宽度为 1088 像素、高度为 593 像素的白色矩形，如图 7-55 所示。

图 7-55　绘制白色矩形

⊙**步骤 10**　在"图层"面板中双击"矩形 1"图层，弹出"图层样式"对话框，勾选"投影"复选框后，在"投影"选项区中修改各参数，如图 7-56 所示。

⊙**步骤11** 单击"确定"按钮，即可为矩形添加投影效果，如图 7-57 所示。

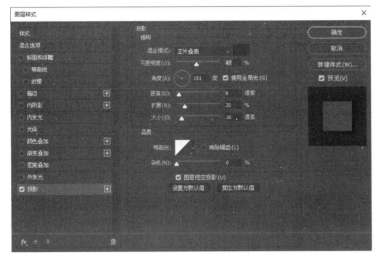
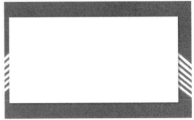

图 7-56 修改参数          图 7-57 添加投影效果

⊙**步骤12** 在工具箱中单击"移动工具"按钮，将"蒙版抠图模特图"图像窗口中的图像素材移动至"背景素材"图像窗口中，如图 7-58 所示。

图 7-58 移动图像素材

⊙**步骤13** 选择"图层 0"图层，右击鼠标，在弹出的快捷菜单中选择"创建剪贴蒙版"命令，即可为图层创建剪贴蒙版，效果如图 7-59 所示。

⊙**步骤14** 执行"文件"|"打开"命令，打开"项目七素材"文件夹中的"促销文字素材"PSD文件，如图 7-60 所示。

⊙**步骤15** 在"促销文字素材"PSD 文件的"图层"面板中选择所有图层，右击鼠标，在弹出的快捷菜单中选择"合并图层"命令，如图 7-61 所示，合并图层。

图 7-59　创建剪贴蒙版后的效果

图 7-60　促销文字素材

图 7-61　选择"合并图层"命令

◎步骤 16　在工具箱中单击"移动工具"按钮 ✛，将"促销文字素材"图像窗口中的文字素材移动至"背景素材"图像窗口中，如图 7-62 所示。

图 7-62　移动文字素材

○步骤17 在"图层"面板中选择"背景"图层，按 Ctrl+J 快捷键复制图层，并将复制后的"背景 拷贝"图层移至图层列表的最上方，如图 7-63 所示。

○步骤18 在"图层"面板中选择"背景 拷贝"图层，右击鼠标，在弹出的快捷菜单中选择"创建剪贴蒙版"命令，如图 7-64 所示。

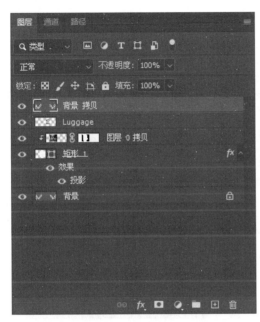

图 7-63　复制并调整图层　　　　　图 7-64　选择"创建剪贴蒙版"命令

○步骤19 执行"创建剪贴蒙版"命令后，效果如图 7-65 所示。

图 7-65　创建剪贴蒙版后的效果

○步骤20 选择"Luggage"图层，右击鼠标，在弹出的快捷菜单中选择"混合选项"命令，如图 7-66 所示。

○步骤21 弹出"图层样式"对话框，勾选"内阴影"复选框，在右侧的"内阴影"选项区中修改各参数，如图 7-67 所示。

> **步骤 22** 单击"确定"按钮，即可为目标图层添加"内阴影"图层样式，效果如图 7-68 所示。

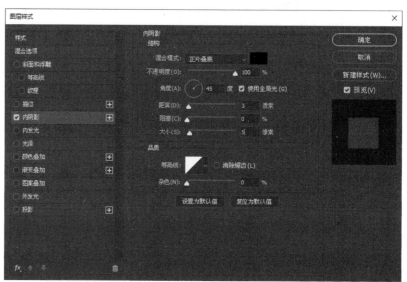

图 7-66　选择"混合　　　　　　　　图 7-67　修改参数
选项"命令

图 7-68　添加"内阴影"图层样式后的效果

> **步骤 23** 单击"图层"面板底部的"创建新图层"按钮🔲，新建"图层 1"图层，如图 7-69 所示。

> **步骤 24** 在工具箱中单击"画笔工具"按钮🖌，按 F5 键，在弹出的"画笔设置"面板"画笔笔尖形状"选项区中选择"喷溅 ktw3"画笔样式，如图 7-70 所示。

> **步骤 25** 勾选"散布"复选框，修改"散布"参数为"500%"，如图 7-71 所示。

> **步骤 26** 在"颜色"面板中单击前景色色块，弹出"拾色器（前景色）"对话框，修改颜色参数值为"#ffffff"，单击"确定"按钮，如图 7-72 所示。

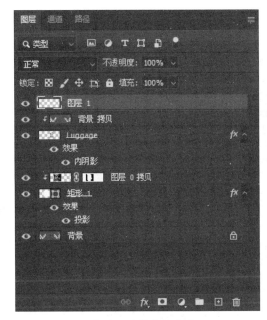

图 7-69　创建新图层　　　　　图 7-70　选择画笔样式

图 7-71　修改参数

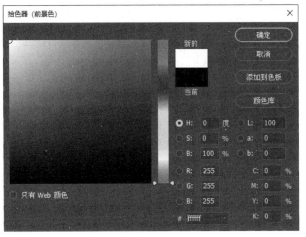

图 7-72　修改颜色参数值

◎**步骤 27**　在新建的"图层 1"图层中使用设置完成的白色画笔在画面左上方轻轻画一笔，即可绘制泼墨效果，如图 7-73 所示。

图 7-73　绘制泼墨效果

　　⊙**步骤 28**　按 Ctrl+S 快捷键，保存文件。执行"文件"|"导出"|"导出为"命令，弹出"导出为"对话框，依次调整"画布大小"参数值和"格式"参数，单击"导出"按钮，如图 7-74 所示，即可将图像导出为 JPG 格式的文件。

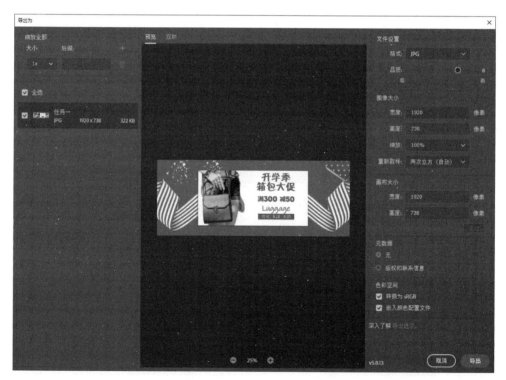

图 7-74　"导出为"对话框

## 任务二　制作创意海报

### 📋 任务描述

　　小王是某鞋类电商公司的设计师，某天，运营负责人通知小王，4 个小时后有一个营销活动，需要使用一张 800 像素 ×1200 像素的海报，海报上必须要有"即将发售"字样，且必须将某产品图片作为海报主题图片加以展示。小王明确任务要求后，迅速打开 Photoshop，在有限的时间内用有限的素材制作创意海报。

本任务的设置目的是带领大家综合使用文字工具、图片素材、Photoshop 滤镜等，制作一个创意海报。

### 📋 任务目标

①学生能够在 Photoshop 中打开素材文件并发现素材文件中存在的问题。

②学生能够使用钢笔工具、图层蒙版，结合画笔工具，抠取素材。

③学生能够添加并设置图层样式。

④学生能够综合使用 Photoshop 中的各种常用工具制作创意海报。

### 📋 任务实施

⊙**步骤1** 双击计算机桌面上的 Adobe Photoshop 2022 程序图标，启动 Photoshop 软件。

⊙**步骤2** 执行"文件"|"打开"命令，打开"项目七素材"文件夹中的"鞋子"PSD 文件，如图 7-75 所示。

⊙**步骤3** 在工具箱中单击"钢笔工具"按钮 后，在"路径"面板中单击"创建新路径"按钮 ，创建"路径 1"路径，如图 7-76 所示。

图 7-75　鞋子素材

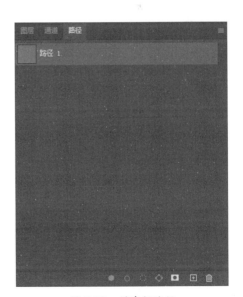

图 7-76　创建新路径

⊙**步骤4** 使用钢笔工具勾勒鞋子边缘后，选择所创建的路径，复制鞋子主体素材，如图 7-77 所示。

图 7-77　使用钢笔工具抠取鞋子主体素材

⊙**步骤5**　执行"文件"|"新建"命令，新建一个宽度为800像素、高度为1200像素的海报画布。

⊙**步骤6**　将鞋子主体素材拖曳至新建的海报画布中，如图7-78所示。

⊙**步骤7**　执行"文件"|"打开"命令，打开"项目七素材"文件夹中的"手"图像文件，素材画面如图7-79所示。

图 7-78　将鞋子主体素材拖曳至新建的海报画布中　　　　图 7-79　打开素材图片

⊙**步骤8**　在"图层"面板中选择"背景"图层，按Ctrl+J快捷键复制并进行重命名，得到"图层1"图层，如图7-80所示。

⊙**步骤9**　选择"图层1"图层，单击"图层"面板底部的"添加图层蒙版"按钮■，添加图层蒙版，如图7-81所示。

 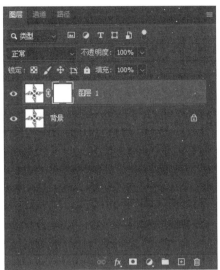

图 7-80　复制并重命名图层　　　　　　图 7-81　　添加图层蒙版

⊙**步骤 10**　在工具箱中单击"画笔工具"按钮 ✎ ，使用画笔工具快速抠出手部素材，如图 7-82 所示。

⊙**步骤 11**　在工具箱中单击"移动工具"按钮 ✛ ，把手部素材拖曳至海报画布中，如图 7-83 所示。

图 7-82　抠出手部素材　　　　　　　图 7-83　拖曳手部素材至海报画布中

⊙**步骤 12**　依次调整手部素材和鞋子素材，将其置于画面中合适的位置，并调整图像角度，调整后效果如图 7-84 所示。

○**步骤 13** 观察发现，手部素材缺失大拇指部分，不能呈现手捏鞋子的空间关系。于是，选择手部素材所在图层，执行"滤镜"|"液化"命令，在弹出的"液化"对话框中选择向前变形工具，修改"大小"参数值为"35"、"压力"参数值为"70"，把大拇指缺失部分拉伸出来，如图 7-85 所示。

○**步骤 14** 单击"确定"按钮，发现将手部素材中的大拇指补齐后，"手"与"鞋子"还是不够贴合，如图 7-86 所示。

○**步骤 15** 想象光线从画面左侧进入，"手"以这种方式握捏"鞋子"时，鞋头上应该有大拇指的阴影，且大拇指与食指处应该有阴影。新建"图层 3"图层，将前景色改为黑色后，修改画笔的不透明度为 10%，使用画笔工具在手指和鞋子接触的位置涂抹阴影，效果如图 7-87 所示。

图 7-84　调整素材位置与角度

○**步骤 16** 观察鞋型，并不饱满，因此选择"鞋子"图层，执行"滤镜"|"液化"命令，在弹出的"液化"对话框中选择向前变形工具，修改"大小"参数值为"60"、"压力"参数值为"70"，调整鞋型，如图 7-88 所示。

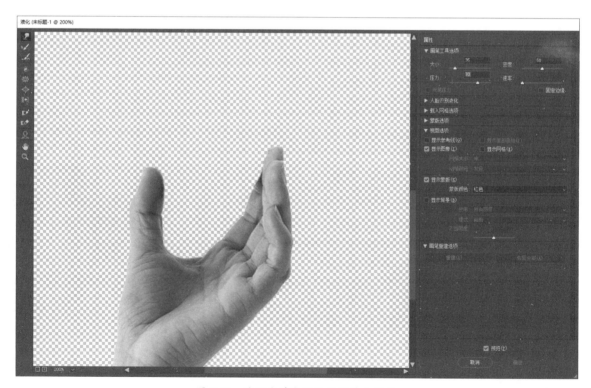

图 7-85　使用向前变形工具拉伸大拇指

图 7-86　素材空间关系　　　　　图 7-87　使用画笔工具涂抹阴影

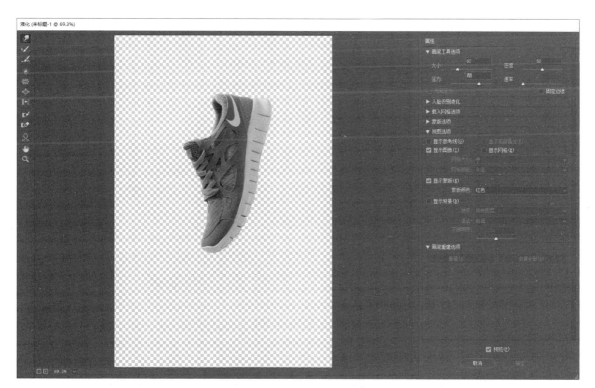

图 7-88　调整鞋型

⊙步骤 17　在"背景"图层上方新建"图层 4"图层,执行"编辑"|"填充"命令,填充深蓝色(颜色参数值为"#1d2175"),效果如图 7-89 所示。

⊙步骤 18　双击"图层 4"图层,弹出"图层样式"对话框,勾选"图案叠加"复选框,在右侧的选项区中设置"混合模式"为"正片叠底"、"不透明度"为 20%,如图 7-90 所示,单击"确定"按钮,即可完成添加图层样式的操作。

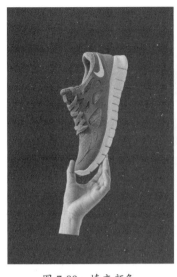

图 7-89　填充颜色

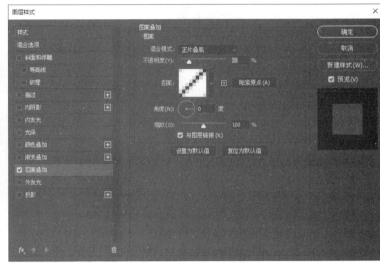

图 7-90　设置图层样式

⊙**步骤 19**　使用横排文字工具，输入多个英文文本，如图 7-91 所示。

⊙**步骤 20**　在"图层"面板中调整图层顺序，将文本图层放置在鞋子素材图层和手部素材图层下面，图像效果如图 7-92 所示。

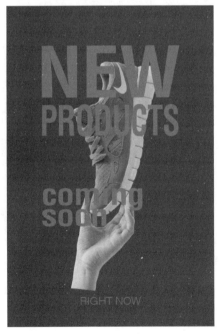

图 7-91　添加文本

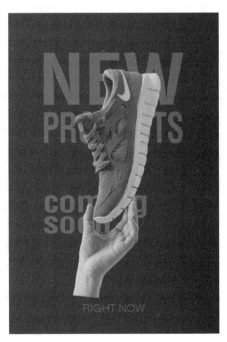

图 7-92　调整图层顺序

⊙**步骤 21**　在工具箱中单击"矩形工具"按钮，在工具选项栏中修改"填充"的颜色参数值为"#b83f2c"，绘制一个宽度为 120 像素、高度为 18 像素的矩形，如图 7-93 所示。

◎**步骤 22**　背景文字略显单调，可适当添加细节。新建空白图层，在按住 Ctrl 键的同时单击"文字"图层，创建文本"NEW"的选区，如图 7-94 所示。

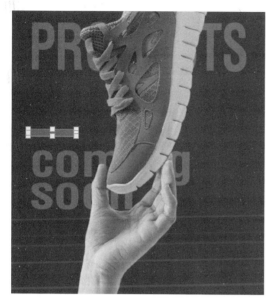
图 7-93　绘制矩形

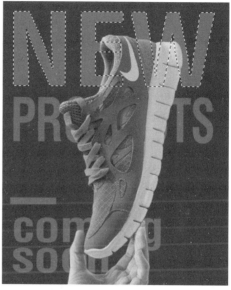
图 7-94　创建选区

◎**步骤 23**　在工具箱中单击"画笔工具"按钮 ✐，设置前景色为白色、"不透明度"为 20%、"硬度"为 0，涂抹所创建的选区，效果如图 7-95 所示。

◎**步骤 24**　使用同样的方法，辅以调整图层透明度，调整其他字体效果，分别为字体添加下发光效果及渐变效果，如图 7-96 所示。

图 7-95　调整透明效果

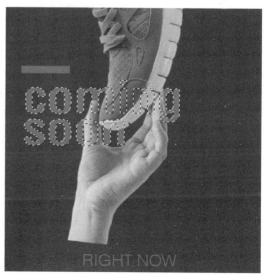
图 7-96　调整其他字体效果

◎步骤 25    在工具箱中单击"矩形工具"按钮■，在工具
选项栏中修改"填充"颜色参数值为"#dff61b"，绘制一个宽
度为 505 像素、高度为 86 像素的矩形，如图 7-97 所示。

◎步骤 26    在工具箱中单击"横排文字工具"按钮■，设
置合适的字体，输入文本"即将发售"，调整字间距及字体大小，
并将文本与黄色色块居中对齐，效果如图 7-98 所示（注：延续
英文字体风格，选用"无衬线体"中的中文字体，保持风格统一）。

◎步骤 27    新建图层，在工具箱中单击"钢笔工具"按
钮■，绘制一个三角形，并按 Ctrl+Enter 快捷键呈现选区，如
图 7-99 所示（注：背景文字大多靠左，右边画面显空，故绘制
三角形时需要考虑画面平衡）。

◎步骤 28    在工具箱中单击"矩形选框工具"按钮■后，
在图像编辑窗口中的三角形选框上右击鼠标，在弹出的快捷菜
单中选择"描边"命令，如图 7-100 所示。

◎步骤 29    弹出"描边"对话框，修改"宽度"为"10 像素"、"颜色"为黄色，勾选"内部"
单选按钮，如图 7-101 所示。

◎步骤 30    单击"确定"按钮，即可完成添加描边效果的操作，效果如图 7-102 所示。

图 7-97    绘制黄色矩形

图 7-98    输入文字

图 7-99　添加三角形选区

图 7-100　选择"描边"命令

图 7-101　设置描边参数

图 7-102　添加描边效果

◎**步骤 31**　双击三角形所在的图层，弹出"图层样式"对话框，勾选"渐变叠加"复选框，修改"混合模式"为"正片叠底"、"不透明度"为 20%，如图 7-103 所示。

◎**步骤 32**　勾选"图案叠加"复选框，修改"混合模式"为"正片叠底"、"不透明度"为 30%，如图 7-104 所示。

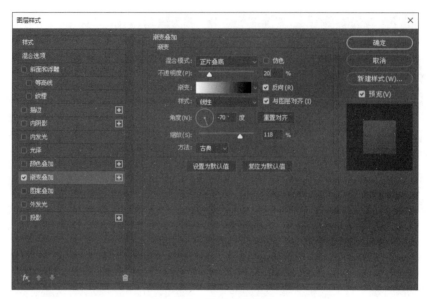

图 7-103　设置渐变叠加

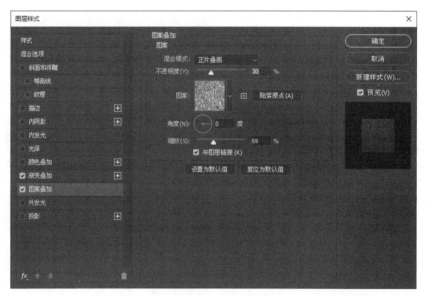

图 7-104　设置图案叠加

◎**步骤33**　单击"确定"按钮，即可完成对"渐变叠加"图层样式和"图案叠加"图层样式的添加，图像效果如图 7-105 所示。

◎**步骤34**　为"图层 6"图层添加图层蒙版后，在工具箱中单击"画笔工具"按钮，在工具选项栏中设置"硬度"为 100%，"不透明度"为 100%、前景色为黑色，涂抹图层，绘制三角形前后穿插的空间感，如图 7-106 所示。

◎**步骤35**　继续观察，画面边缘还略显空荡，且海报缺乏营销感，可以添加更多元素。使用钢笔工具绘制多个碎纸屑，如图 7-107 所示，随后，在"图层"面板中创建图层组，将所有纸屑图层收入其中（注：爆炸＋纸屑是营造喜庆氛围的最好手段之一，绘制时要注意纸屑的角度、方向与疏密）。

⊙**步骤 36** 继续观察画面，添加纸屑后画面边缘还是空荡，且核心主体不是特别突出，可以制作暗角强化画面层次。新建"图层 7"图层，使用渐变工具，设置"径向渐变"，填充整个画面，效果如图 7-108 所示。

图 7-105　添加图层样式后的效果

图 7-106　三角形前后穿插

图 7-107　使用钢笔工具绘制多个纸屑

图 7-108　添加暗角效果

步骤37 观察发现，添加暗角效果后，画面整体偏暗，未能达到预期效果，可以再作微调。选择暗角图层，新建蒙版后，选择画笔工具，调整画笔大小，设置"强度"为0%、"不透明度"为20%、前景色为纯黑，涂抹蒙版，多次涂抹至画面对比度正常，效果如图7-109所示。

步骤38 按Ctrl+S快捷键，保存文件。执行"文件"|"导出"|"导出为"命令，弹出"导出为"对话框，依次调整"画布大小"参数值和"格式"参数后，单击"导出"按钮，如图7-110所示，即可将图像导出为JPG格式的文件。

图 7-109　调整暗角图层的细节

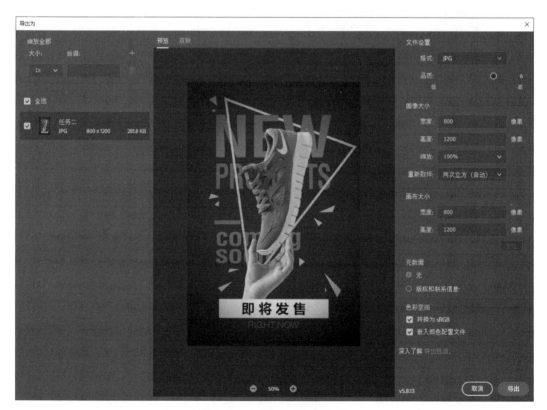

图 7-110　"导出为"对话框

项目评价

## 学生自评表

表 7-1　技能自评

| 序号 | 技能点 | 达标要求 | 学生自评 | |
|---|---|---|---|---|
| | | | 达标 | 未达标 |
| 1 | 使用蒙版工具与画笔工具制作海报 | 要求一：掌握蒙版工具与画笔工具的使用方法<br>要求二：能够使用蒙版工具和画笔工具制作海报<br>要求三：最终海报效果符合任务要求 | | |
| 2 | 独立制作完成一张合成海报 | 要求一：能够对画笔工具进行相关设置<br>要求二：能够通过设置图层样式调整图层效果<br>要求三：最终海报效果符合任务要求 | | |
| 3 | 使用钢笔工具、图层蒙版，结合画笔工具，抠取素材 | 要求一：掌握钢笔工具、图层蒙版的使用方法<br>要求二：能够使用画笔工具抠取素材 | | |
| 4 | 添加并设置图层样式 | 要求一：掌握图层样式的设置方法<br>要求二：能够使用图层样式为图层添加各种效果 | | |
| 5 | 掌握字体分类知识，选择合适的字体进行排版 | 要求一：掌握字体分类知识<br>要求二：能够根据海报需求选择合适的字体<br>要求三：能够对文字进行合理排版 | | |
| 6 | 给海报添加线条元素和块面元素 | 要求一：能够举例说出海报元素的使用方法<br>要求二：能够为海报添加线条元素与块面元素，优化海报视觉效果 | | |
| 7 | 综合使用 Photoshop 中的各种常用工具制作完整的电商海报 | 要求一：能够熟练使用 Photoshop 中的各种常用工具<br>要求二：能够综合使用各种工具制作海报<br>要求三：能够为海报添加需要的图层效果和滤镜效果 | | |

表 7-2　素质自评

| 序号 | 素质点 | 达标要求 | 学生自评 | |
|---|---|---|---|---|
| | | | 达标 | 未达标 |
| 1 | 信息素养和学习能力 | 要求一：遇到问题，能够基于已有信息解决问题，至少找到一些解决问题的线索和思路<br>要求二：学习能力强，能够主动学习新知识 | | |
| 2 | 独立思考能力和创新能力 | 要求一：遇到问题善于思考<br>要求二：具有解决问题的能力和创新意识<br>要求三：善于提出新观点、新方法 | | |
| 3 | 独立设计和执行的能力 | 要求一：具有一定的设计能力<br>要求二：能够独立完成设计任务 | | |

# 教师评价表

表7-3 技能评价

| 序号 | 技能点 | 达标要求 | 教师评价 | |
|---|---|---|---|---|
| | | | 达标 | 未达标 |
| 1 | 使用蒙版工具与画笔工具制作海报 | 要求一：掌握蒙版工具与画笔工具的使用方法<br>要求二：能够使用蒙版工具和画笔工具制作海报<br>要求三：最终海报效果符合任务要求 | | |
| 2 | 独立制作完成一张合成海报 | 要求一：能够对画笔工具进行相关设置<br>要求二：能够通过设置图层样式调整图层效果<br>要求三：最终海报效果符合任务要求 | | |
| 3 | 使用钢笔工具、图层蒙版，结合画笔工具，抠取素材 | 要求一：掌握钢笔工具、图层蒙版的使用方法<br>要求二：能够使用画笔工具抠取素材 | | |
| 4 | 添加并设置图层样式 | 要求一：掌握图层样式的设置方法<br>要求二：能够使用图层样式为图层添加各种效果 | | |
| 5 | 掌握字体分类知识，选择合适的字体进行排版 | 要求一：掌握字体分类知识<br>要求二：能够根据海报需求选择合适的字体<br>要求三：能够对文字进行合理排版 | | |
| 6 | 给海报添加线条元素和块面元素 | 要求一：能够举例说出海报元素的使用方法<br>要求二：能够为海报添加线条元素与块面元素，优化海报视觉效果 | | |
| 7 | 综合使用 Photoshop 中的各种常用工具制作完整的电商海报 | 要求一：能够熟练使用 Photoshop 中的各种常用工具<br>要求二：能够综合使用各种工具制作海报<br>要求三：能够为海报添加需要的图层效果和滤镜效果 | | |

表7-4 素质评价

| 序号 | 素质点 | 达标要求 | 教师评价 | |
|---|---|---|---|---|
| | | | 达标 | 未达标 |
| 1 | 信息素养和学习能力 | 要求一：遇到问题，能够基于已有信息解决问题，至少找到一些解决问题的线索和思路<br>要求二：学习能力强，能够主动学习新知识 | | |
| 2 | 独立思考能力和创新能力 | 要求一：遇到问题善于思考<br>要求二：具有解决问题的能力和创新意识<br>要求三：善于提出新观点、新方法 | | |
| 3 | 独立设计和执行的能力 | 要求一：具有一定的设计能力<br>要求二：能够独立完成设计任务 | | |

**课后拓展**

# Photoshop 操作技巧集锦

①更换画布颜色：选择油漆桶工具，在按住 Shift 键的同时单击画布边缘，即可设置画布底色为前景色。如果要还原默认颜色，设置前景色为 25% 灰度（R：192，G：192，B：192），再次在按住 Shift 键的同时单击画布边缘即可。

②选择工具的快捷键：可以通过按快捷键来快速选择工具箱中的某一工具，常用工具的快捷键如下——选框工具：M、移动工具：V、套索工具：L、魔棒工具：W、画笔工具：B、仿制图章工具：S、历史记录画笔工具：Y、橡皮擦工具：E、减淡工具：O、钢笔工具：P、文字工具：T、渐变工具：G、吸管工具：I、抓手工具：H、缩放工具：Z、默认前景和背景色工具：D。

③获得精确光标：按 Caps Lock 键，可以使画笔工具和磁性工具的光标显示为精确十字线，再按一次 Cap Lock 键即可恢复原状。

④显示 / 隐藏控制板：按 Tab 键，可切换显示或隐藏所有控制板（包括工具箱）；如果按 Shift+Tab 组合键，则工具箱不受影响，显示或隐藏其他控制板。

⑤快速恢复默认值：选择"复位工具"或者"复位所有工具"命令，可以快速恢复默认值。

⑥使用非手形工具时，按住空格键可转换成手形工具，移动图像编辑窗口中的图像。在手形工具上双击，可以使图像以最合适的窗口大小显示；在缩放工具上双击，可以使图像以 1:1 的比例显示。

⑦使用橡皮擦工具时，在按住 Alt 键的同时按住鼠标左键并拖曳鼠标进行涂抹，可将图像状态恢复到指定步骤。

⑧使用涂抹工具时，在按住 Alt 键的同时按住鼠标左键并拖曳鼠标进行涂抹，可由纯粹涂抹变成用前景色涂抹。

 **思政园地**

# LOVO 品牌崛起背后的故事

自 2012 年出现以来，罗莱的电子商务品牌 LOVO 越来越迫切地想发出自己的品牌声音。LOVO 是美式风格的年轻、时尚的家纺品牌，需要在电商平台吸引属于它的年轻的用户群体。通过与兔斯基漫画形象进行跨界合作，辅以为期 1 个月的营销战役，LOVO 品牌兔斯基系列创下了全球独家首发开团 10 分钟销售 1000 套、74 小时销售 10000 套、80 小时 13000 套售罄的纪录。

LOVO 品牌的崛起体现着奋斗精神，这与兔斯基形象传递的精神是一致的。再者，LOVO 强调自由、张扬个性，在品牌理念上与兔斯基形象有一致性。整个营销活动的成功可以被提炼为三大要点。

要点一：突出形象。兔斯基形象爆火几年之后热度有所下降，所以品牌方找出网友模仿兔斯基动作的视频，整合制作后进行传播。另外，新品首发日，品牌方借助中秋节日营销的势头，发布了一个创意视频进行预热，视频中有一个嫦娥打扮的女孩子出现在地铁上，而她手中抱着的"玉兔"正是兔斯基。通过这两个造势举动，人们脑海中的兔斯基记忆被唤醒。

要点二：创造话题。仅仅将动作停留在"唤醒记忆"的程度是远远不够的，在"嫦娥"带着兔斯基出现在地铁上之后，活动被升级为事件营销，植入了话题——"嫦娥"遭到偷拍，视频在网上又进行了一轮传播。此时，罗莱家纺旗舰店同步上线了 10 款限量新品，提高店铺收藏量。

要点三：品牌露出。在造势阶段，品牌信息并未露出，直到"嫦娥"系列的第三个视频上线，视频中才出现品牌信息。之后，兔斯基快乐解压操视频上线，兔斯基大量经典表情、动作被用真人演绎的形式进行传播，其中包含大量 LOVO 品牌曝光。至此，营销规模达到顶峰，新浪微博、微信公众号等渠道内出现了大量话题及转发。

**请针对素材中的事件，思考以下问题。**

①你认为 LOVO 品牌崛起的亮点主要体现在哪些方面？

②你认为电商美工人员应该如何合理利用 IP 形象制作更具营销价值的海报？

_____

_____

_____

 巩固练习

## 一、选择题（单选）

1.蒙版分为图层蒙版、矢量蒙版、快速蒙版、剪贴蒙版，其中，（　　　）是所有蒙版中使用率最高的一种。

    A. 矢量蒙版                     B. 图层蒙版

    C. 剪贴蒙版                     D. 快速蒙版

2. Photoshop 中"添加图层蒙版"的图标是（　　　）。

  A. 　　　　　　　　　　B.

  C. 　　　　　　　　　　D.

3. 画笔工具的快捷键是（　　　）。

  A.D　　　　　　　　　　　　B.F

  C.B　　　　　　　　　　　　D.N

4. 单击"画笔工具"按钮，默认使用（　　　）进行绘图。

  A. 黑色　　　　　　　　　　　B. 背景色

  C. 前景色　　　　　　　　　　D. 白色

5. 蒙版是可以将图片内容遮盖起来，操作时不影响图片内容本身的编辑工具，蒙版中黑色的部分为（　　　）部分。

  A. 半遮盖　　　　　　　　　　B. 全遮盖

  C. 不遮盖　　　　　　　　　　D. 空白

6. 创建剪贴蒙版的快捷键是（　　　）。

  A.Ctrl+Alt+T　　　　　　　　B.Ctrl+Alt+G

  C.Ctrl+G　　　　　　　　　　D.Alt+T

7. 快速蒙版工具的快捷键是（　　　）。

  A.Ctrl+Q　　　　　　　　　　B.G

  C.Q　　　　　　　　　　　　D.Ctrl+G

8. 按（　　　）快捷键，弹出"画笔设置"面板，可对画笔工具的高级参数进行设置。

  A.F3　　　　　　　　　　　　B.B

  C.Ctrl+B　　　　　　　　　　D.F5

9. （　　　）不是线条在海报设计与制作中的作用。

  A. 标识重点信息　　　　　　　B. 分割画面信息

  C. 引导视线　　　　　　　　　D. 调整明暗

## 二、判断题

1. 在矢量蒙版内，只能使用矢量工具进行编辑操作，不能使用画笔工具、套索工具等工具。（　　　）

2. 蒙版分为图层蒙版、矢量蒙版、快速蒙版、剪贴蒙版。（　　　）

3. 调整画笔工具大小的快捷键：按 [ 键调大，按 ] 键调小。（　　　）

4. 使用 Photoshop 时，可以通过将形状自定义成画笔来进行批量绘制。（　　　）

5. Photoshop 的画笔工具分为 4 类：常规画笔、干介质画笔、湿介质画笔、矢量画笔。（　　　）

6. 所谓双重画笔，就是在原有画笔的基础上叠加一个画笔，得到新的画笔。（　　　）

7. 添加剪贴蒙版，可以让上方图层的内容只在下方图层的像素范围内显示。（　　　）

8. 在按住 Alt 键的同时单击两个图层相交的地方，可以快速创建剪贴蒙版。（　　　）

9. 使用"智能锐化"滤镜，可以实现一键自动处理全图片的锐化。（　　　）

10. 可以利用线条丰富海报视觉效果，使画面更有美感。（　　　）

## 三、简答题

1. 简要回答蒙版的作用。

_____

_____

_____

2. 简述衬线体与无衬线体的区别。

_____

_____

_____